KB196424

반려견을 위한
식재료
바이블

박은정 · 유승선 지음

반려견을 위한 식재료 바이블

발행일 | 2024년 12월 31일

지은이 | 박은정 · 유승선

펴낸이 | 장재열

펴낸곳 | 단한권의책

출판등록 | 제25100-2017-000072호(2012년 9월 14일)

주소 | 서울시 은평구 서오릉로 20길 10-6

팩스 | 070-4850-8021

이메일 | jjy5342@naver.com

블로그 | blog.naver.com/only1books

ISBN | 979-11-91853-45-2

값 | 17,000원

파손된 책은 바꿔 드립니다.

이 저작물의 내용을 쓰고자 할 때는 저작자와 단한권의책의 허락을 받아야 합니다.

독자의 강아지를 위해
이 책을 준비했습니다.
세상 모든 강아지를 행복하게 할 수는 없지만,
이 책을 읽는 독자의 강아지만큼은
행복해졌으면 좋겠습니다.

조금 더 건강하게
조금 더 행복하게
이 책은 그런 마음으로
한 글자 한 글자를 채운 책입니다.

펫 영양사

박은정

개와 고양이의 음식을 12년째 연구하고 교육하는
반려동물영양전문가 박은정입니다.

개는 개에게, 사람은 사람에게 맞게 음식을 적용하는 것은 기본 원칙이라고 할 수 있습니다. 알맞게 적용된 음식들은 질병을 직접적으로 치료할 수 없어도 반려동물이 가지고 있는 자연 치유 능력을 끌어 올려주어 질병의 치료를 돕는 보조적 역할을 할 수 있습니다. 또한 이를 통해 반려동물이 건강한 삶을 살 수 있도록 도울 수 있습니다. 그렇다면 자연식은 무엇일까요?

자연식을 쉽게 설명하면 우리가 흔히 알고 있는 사료라는 기성 제품에서 화학제와 첨가제, 방부제를 제외하고 다시 구성하여 만드는 음식이라고 생각하시면 이해가 쉬우실 것 같습니다. 자연이 주는 천연 재료들로 음식을 만들어 건강 상태에 맞는 영양소와 조리법으로 음식을 제공할 수 있게 되는 것이지요.

화려하고 거창한 반려견의 요리로 보호자의 만족감만 높이는 펫푸드보다는, 요리를 잘 알지 못하고 손재주가 없는 보호자일지라도 반려동물을 위해서 부담 없는 소소한 식사를 만들어 그들과 더 행복하고 건강한 생활을 함께 공유하길 바라는 마음을 책에 담았습니다. 세상의 모든 반려동물이 음식으로 행복과 건강을 함께 누릴 수 있는 날이 매일 이어지도록 노력하겠습니다.

한의사

유승선

20년째 한의학의 매력에 빠져사는, 약과 음식을 함께 처방하는
요리하는 한의사 유승선입니다.

한의학을 기반으로 동물을 치료했던 조선시대 어의 백광현을 아시나요? 조선시대 왕을
치료하는 어의였던 그는 한의학을 기반으로 동물을 치료하는 의사로도 매우 유명했습
니다. 이처럼 한의학으로 동물을 치료한 역사는 아주 오래전부터 있었습니다.

저는 한때 건강이 안 좋아서 매우 힘든 시간을 가져야 했습니다. 한의학의 도움으로 건
강을 회복하였고요. 건강을 되찾기 위해 무던히 애를 쓰던 그 시절에 병을 치료하기 위
해 노력하는 과정에서 "좋은 음식은 좋은 약과 같다"는 약식동원을 몸으로 체험했습니
다. 그 후 한의사가 되어 환자들에게 건강에 도움이 되는 음식을 직접 알려드리고 레
시피까지 만들다 보니 "요리하는 한의사"가 되었습니다. 그 뒤로 자반증이라는 난치
성 면역질환을 15년 이상 진료하면서 한의학에 신뢰와 효과에 대해 더욱 확신했고 난
치병을 연구하면서 한의학이 동물에게도 효과가 있다는 많은 연구 자료 등을 접하면서
반려동물들 또한 한의학의 장점을 누렸으면 하는 마음을 가지게 되었습니다.

반려견의 체질과 건강 상태에 맞는 올바른 식이는 사람과 마찬가지로 병의 예방과 빠
른 치유에 도움이 됩니다. 앞으로도 가족과 같은 반려동물의 건강을 챙기는데, 한의학
이 도움이 되도록 더욱 노력하겠습니다.

Part.1
반려견의 건강과 영양
반려견의 건강 상태와 영양에 관한 Q&A

펫 영양사 선생님이 반려견의 식이 관리와 영양에 대해
자세히 설명을 해줍니다.

Q4 반려견에게 필수 영양소는 무엇인가요?

반려견도 사람과 마찬가지입니다. 단백질, 지방, 탄수화물, 비타민, 미네랄은 건강한 삶을 위한 필수 5대 영양소입니다. 물론 영양소의 배분은 사람과 다르고 반려견에 맞는 영양 관련 지식이 필요하지요. 각종 영양소와 식재료의 특성을 안다면 맛 좋고 건강한 식단을 만들 수 있을 것입니다.

단백질

뼈, 근육 등의 조직을 만드는 성분으로 동물성 단백질과 식물성 단백질로 나누어집니다. 단백질이 부족해지면 면역력이 저하되고 건강한 신체 조직을 유지할 수 없습니다. 반면 과도한 섭취는 노폐물을 많이 생성해 신장과 다른 장기에 부담을 주게 됩니다.

탄수화물

신체의 에너지원이 되어 뇌와 근육을 활동할 수 있게 합니다. 탄수화물 공급을 꺼리는 경우가 있는데, 생명 유지를 위한 필수 영양소입니다. 사람처럼 많이 먹을 필요는 없지만, 적절한 양을 먹어야 건강을 유지할 수 있습니다.

비타민은 크게 수용성 비타민과 지용성 비타민으로 구분됩니다. 타민인 A, D, 하도록 해야 되지 않고 제 취해야 합니다.

지방

가장 많은 열량을 내는 영양소입니다. 지용성 비타민의 흡수를 돕고, 피부와 밀접한 관련이 있습니다. 음식

Q5 반려견의 건강 상태에 따라 섭취하면 좋은 식재료는 무엇인가요?

지금 추천하는 식재료는 영양에 도움을 줄 수 있는 것입니다. 그러므로 반려견이 아프다면 추천하는 꼭 동물병원을 먼저 방문하셔서 진료받으시길 권합니다.

면역력이 떨어져 있을 때 - 식이섬유

면역력이 떨어졌을 때는 면역 세포가 있는 장을 활성화하는 식재료가 좋습니다. 특히 식이섬유가 풍부해 소화에 도움을 주는 식재료로 만든 먹이를 주세요.

피부병이 있을 때 - 지방

피부에 자주 문제가 발생할 때는 지방의 보충이 필요할 수 있습니다. 특히 필수지방산이 풍부한 생선류로 만든 음식이 도움이 될 수 있어요.

Q3 한의학 용어가 낯설고 어려워요!

한자로 된 한의학 용어가 어렵게 느껴질 수 있습니다. 이 책에서 자주 쓰이는 용어를 이해하기 쉽게 풀어드릴게요.

기혈(氣血)

기혈은 기력과 체액(혈액, 림프액 등)을 가리키는 말입니다. 기허(氣)가 부족한 상태를 기허라고 하며 혈(血)이 부족한 상태는 혈허라고 하지요. 기운이나 혈이 부족해지면 여러 문제가 생길 수 있어 식단 관리가 필요합니다.

담음(痰飮)

노폐물의 일종으로 생각하면 돼요. 신진대사나 체액 순환이 원활하게 되지 않거나 잘 못된 식습관, 생활 습관이 원인이 되어 나타나게 되지요. 몸이 잘 붓거나 배에서 물 내려가는 소리가 자주 들리면 담음에 해당하는 증상이에요.

어혈(瘀血)

혈액 순환이 원활하지 않아 생기는 증상입니다. 혈액이 엉켜서 생기는 혈전이니 멍이 이에 해당하는 예입니다.

한열(寒熱)

한열은 몸의 차고 뜨거움을 말해요. 설사를 하더라도 장이 차가워지면서 하는 설사일 수도 있고, 염증이 원인이 된 열성(熱性) 설사일 수도 있어요. 증상은 같지만, 원인이 다르므로 치료 방법도 달라져야 하고요. 한열은 또 음식이나 약재의 성질을 가리키는 데도 써요. 양고기는 뜨거운 성질을 가졌지만 돼지고기는 차가운 성질을 갖고 있지요.

장부(臟腑)

위장이나 간, 폐와 같은 장기를 가리키는 말이에요.

경락(經絡)

쉽게 말하면 혈자리를 이은 선을 말해요. 사람이나 동물 모두 마사지할 때 경락을 알고 있다면 효과를 높일 수 있어요.

율(鬱)

한자가 빼도 속이 탁 막힐 정도로 복잡해 보이지요. 실제로 이 한자는 '막히다'는 뜻을 가지고 있지요. 스트레스를 받거나 긴장하여 전체적으로 몸의 순환이 안 되고 꽉 막힌 상태가 될 것입니다. 반려견에게 율이 생기면 지나치게 예민해지고 잠을 못 자는 증상을 보일 수 있습니다.

습열(濕熱)

몸에 습하면 뜨거운 기운이 가득한 상태를 가리킵니다. 일반적인 염증성 질환들은 대부분 여기에 해당합니다.

오미(五味)

'다섯 가지 맛'이라는 뜻으로 신미, 쓴맛, 단맛, 매운맛, 짠맛으로 분류합니다. 한의에서는 음식이나 약재의 효능을 말할 때, 맛과 성질을 함께 말한답니다.

Q4 반려견의 건강과 체질에 맞는 식재료를 추천해 드려요.

평소에 반려견의 행동과 상태를 유심히 관찰하고 체크를 해두면 어떤 체질을 가졌는지 건강 상태는 어떤지 알 수 있습니다. 다음 체크리스트를 꼼꼼히 체크하다 보면 건강 상태와 체질, 그에 맞는 식재료를 추천해 드릴게요. 식재료는 이 책에서 소개하고 있는 것들이에요.

반려견 건강 상태 체크리스트

● **체크.1 - 기허(氣虛)**
기운이 부족하다면 어떻게 알 수 있을까요?
- 쉽게 피곤을 느끼고 금방 지친다.
- 수면 시간이 평소보다 늘어난다.
- 조금만 움직여도 숨을 헐떡거린다.
- 식욕이 없다.
- 배에 가스가 자주 차고 소화를 못 시킨다.

● **체크.2 - 혈허(血虛)**
혈이 부족한 걸 어떻게 알 수 있을까요?
- 모질이 가늘어지거나 푸석하고 건조하다.
- 피부가 건조하고 각질이 일어난다.
- 변이 건조하다.
- 발바닥이 너무 건조하다.
- 혀가 마르거나 코가 건조하다.

● **체크.3 - 양허(陽虛)**
몸이 지나치게 차다면 어떻게 알 수 있을까요?
- 추위를 많이 타고 따뜻한 곳을 찾아다닌다.
- 설사를 자주 하거나 변이 무르다.
- 배를 만졌을 때 따뜻하지 않다.
- 대변에 소화되지 않은 음식이 자주 섞여서 나온다.

● **체크.4 - 음허(陰虛)**
몸이 지나치게 뜨겁다면 어떻게 할 수 있을까요?
- 더위를 많이 탄다.
- 설사 후 항문 주위가 무르거나 피부 상태가 나쁘다.
- 습진이나 기타 염증 질환이 자주 생긴다.
- 눈곱이 자주 껴거나 눈이 자주 충혈된다.

20

32

33

한의사 선생님이 반려견의 건강 상태와 체질에 맞는
식재료를 추천합니다.

Part.2
반려견 영양 식재료 100

전문가가 엄선한 반려견을 위한 영양 식재료 100선과
우리 강아지를 위한 특별 레시피!

Ⓐ 식재료의 영양 성분, 맛, 제철, 한의학적으로 분류한 성질, 효능을 정리했습니다.
영양소 단위는 g(그램), mg(밀리그램), ug(마이크로그램)으로 표기되어 있습니다.
(1g=1000mg / 1mg=1000ug)

Ⓑ 식재료의 주의사항, 좋은 재료를 고르는 방법,
같이 먹으면 좋거나 상극인 음식을 알려줘요.

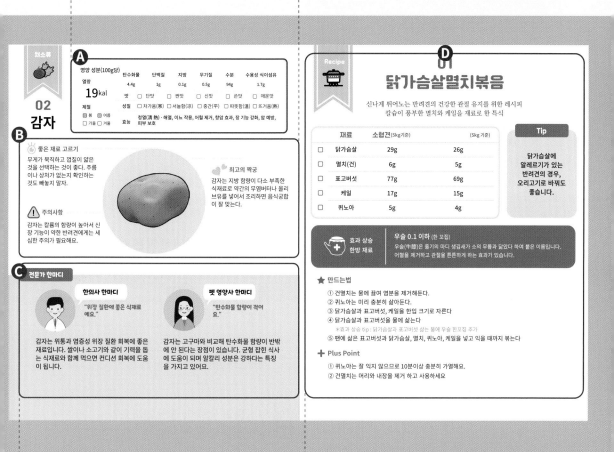

채소류
02 감자

Ⓐ

영양 성분(100g당)	탄수화물	단백질	지방	무기질	수분	수용성 식이섬유
열량 **19kal**	4.4g	1g	0.1g	0.5g	94g	1.7g

맛 ■ 단맛 □ 짠맛 □ 신맛 □ 쓴맛 □ 매운맛

제철 ■ 봄 ■ 여름 □ 가을 □ 겨울

성질 □ 차가움(寒) □ 서늘함(凉) □ 중간(平) ■ 따뜻함(溫) □ 뜨거움(熱)

효능 청열(淸 熱)·해열, 이뇨 작용, 어혈 제거, 항암 효과, 장 기능 강화, 암 예방, 피부보호

Ⓑ

🌱 **좋은 재료 고르기**
무게가 묵직하고 껍질이 얇은 것을 선택하는 것이 좋다. 주름이나 상처가 없는지 확인하는 것도 빼놓지 말자.

⚠️ **주의사항**
감자는 칼륨의 함량이 높아서 신장 기능이 약한 반려견에게는 세심한 주의가 필요해요.

🍂 **최고의 짝궁**
감자는 지방 함량이 다소 부족한 식재료로 약간의 무염버터나 올리브유를 넣어서 조리하면 음식궁합이 잘 맞는다.

Ⓒ 전문가 한마디

한의사 한마디
"위장 질환에 좋은 식재료예요."

감자는 위통과 염증성 위장 질환 회복에 좋은 재료입니다. 쌀이나 소고기와 같이 기력을 돕는 식재료와 함께 먹으면 컨디션 회복에 도움이 됩니다.

펫 영양사 한마디
"탄수화물 함량이 적어요."

감자는 고구마와 비교해 탄수화물 함량이 반밖에 안 된다는 장점이 있습니다. 균형 잡힌 식사에 도움이 되며 알칼리 성분은 강하다는 특징을 가지고 있어요.

Recipe 01
닭가슴살멸치볶음

신나게 뛰어노는 반려견의 건강한 관절 유지를 위한 레시피
칼슘이 풍부한 멸치와 케일을 재료로 한 특식

재료	소형견(5kg기준)	(5kg 기준)
☐ 닭가슴살	29g	26g
☐ 멸치(건)	6g	5g
☐ 표고버섯	77g	69g
☐ 케일	17g	15g
☐ 퀴노아	5g	4g

Tip
닭가슴살에 알레르기가 있는 반려견의 경우, 오리고기로 바꿔도 좋습니다.

➕ **효과 상승 한방 재료**
우슬 0.1 이하 (한 꼬집)
우슬(牛膝)은 줄기의 마디 생김새가 소의 무릎과 닮았다 하여 붙은 이름입니다. 어혈을 제거하고 관절을 튼튼하게 하는 효과가 있습니다.

⭐ **만드는법**
① 건멸치는 물에 끓여 염분을 제거해둔다.
② 퀴노아는 미리 충분히 삶아둔다.
③ 닭가슴살과 표고버섯, 케일을 한입 크기로 자른다
④ 닭가슴살과 표고버섯을 물에 삶는다
　※효과 상승 tip : 닭가슴살과 표고버섯 삶는 물에 우슬 한꼬집 추가
⑤ 팬에 삶은 표고버섯과 닭가슴살, 멸치, 퀴노아, 케일을 넣고 익을 때까지 볶는다

➕ **Plus Point**
① 퀴노아는 잘 익지 않으므로 10분이상 충분히 가열해요.
② 건멸치는 머리와 내장을 제거 하고 사용하세요

Ⓒ 소개된 식재료에 대한 한의학적 의견과
영양학적 의견을 들을 수 있어요.

Ⓓ 소개된 식재료를 활용한 레시피를 제시하고
유용한 정보를 얻을 수 있어요.

반려견을 위한 하루 적정 칼로리는 얼마일까요?

반려견의 일일 권장 칼로리의 계산을 위해서는 RER과 DER에 대해서 알아야 합니다. RER(resting energy requirement)은 기초 대사량이라는 뜻으로 반려견이 휴식해도 소비하는 에너지양을 의미합니다. 이 RER계수에 정해진 계수를 곱하여 일일 대사 칼로리인 DER(daily energy requirement)을 구하고 하루 동안 반려견에게 필요한 에너지를 구할 수 있습니다. 사람이 몸 상태에 따라 필요한 칼로리와 영양이 다르듯 반려견도 건강 상태에 따라 수치가 달라집니다. 각 계산식을 정리하면 아래와 같습니다.

RER 계산식 = 체중$^{(kg)^{0.75}}$ × 70

＊ 계산 팁 : 계산기를 사용할 때는 x^y기호를 눌러서 계산하세요!

체중별 RER 예시

체중	RER
2	117.73
3	159.56
5	234.06
7	301.25
9	363.73

DER 계산식 = RER × 계수
= (체중$^{(kg)^{0.75}}$ × 70) × 계수

강아지 상태에 따른 계수 예시

상태(성견 기준)	계수
중성화 수술을 한 경우	1.6
중성화 수술을 하지 않은 경우	1.8
비만 경향이 있는 경우	1.4
체중 감량이 확실히 필요한 경우	1.0

| 일일 칼로리(DER) 계산 예시 |

중성화를 한 몸무게 3.5kg의 강아지에게는 하루에 얼마큼의 열량이 필요할까요?
▶ $3.5(kg)^{0.75} × 70 × 1.6 = 286.59$ **만큼의 칼로리가 필요함을 계산할 수 있습니다!**

위의 공식들은 반려견의 평균적인 일일 적정 칼로리를 이해하기 위한 가이드로 사용하는 것이 좋습니다. 항상 반려견의 상태를 관찰하며 칼로리와 영양소를 적절히 조절해야 합니다. 비만 여부, 체중 감소량 등의 기준은 전문가와 상담하여 확인한 뒤 적용하는 것을 추천해 드립니다.

목차

작가의 말 4
이 책을 보는 방법 6
반려견을 위한 하루 적정 칼로리는 얼마일까요? 8

Part.1 - 반려견의 건강과 영양

펫 영양사 선생님이 알려주는
반려견 건강과 영양의 모든 것

· 천연재료를 활용한 음식이 주는 장점은 무엇인가요? 15
· 생식, 전조식, 가열식 중 뭐가 적절한가요? 16
· 반려견의 나이에 따른 식이조절이 필요할까요? 17
· 반려견에게 필수 영양소는 무엇인가요? 18
· 반려견의 건강 상태에 따라 섭취하면 좋은 식재료는 무엇인가요? 19
· 반려견이 꼭 주의해야 할 식재료는 무엇인가요? 20
· 응가로 반려견의 건강을 체크하고 계시나요? 22
· 반려견의 장기는 사람과 어떻게 다른가요? 23

한의사 선생님이 알려주는
반려견 건강과 영양의 모든 것

· 반려동물의 체계적인 건강관리를 한의학으로 할 수 있나요? 27
· 한방 천연물을 반려견 건강관리에 어떻게 활용할 수 있을까요? 28
· 한의학 용어가 낯설고 어려워요! 30
· 반려견의 건강과 체질에 맞는 식재료를 추천해 드려요. 31
· 혈자리를 알고 반려견의 마사지에 활용해요. 34

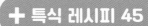

Part.2 - 반려견 영양 식재료 100

+ 특식 레시피 45

point!
식재료를 활용한 레시피가 있을 시 숟가락이 있습니다.

채소류

가지 38 | 감자 40 | 고구마 42 | 당근 43 | 마 45 | 무 46 | 밤 48 |
배추 49 | 브로콜리 50 | 비트 52 | 샐러리 54 | 시금치 56 |
아스파라거스 58 | 양배추 60 | 연근 62 | 오이 63 | 청경채 65 | 케일 66 |
콩나물 67 | 토마토 68 | 파프리카 70 | 파슬리 72 | 단호박 73 | 상추 75

생선류

갈치 77 | 고등어 78 | 도미 79 | 건멸치 80 | 빙어 82 | 송어 83 | 연어 85

알류

달걀 87 | 메추리알 89

고기류

소간 91 | 닭가슴살 93 | 돼지안심 95 | 소고기 96 | 양고기 98 |
말고기 100 | 칠면조고기 102 | 오리고기 103 | 토끼고기 105

유지류

우유 106 | 무염버터 107 | 치즈 108 | 올리브유 110 | 아마씨유 111

해조류

굴 113 | 미역 114 | 홍합 116

버섯류

느타리버섯 117 | 목이버섯 119 | 양송이버섯 121 | 팽이버섯 122 |
표고버섯 124 | 새송이버섯 126

곡류

귀리 128 | 기장 130 | 메밀 132 | 백미 134 | 흑미 135 | 통밀 136 |
보리 137 | 조 138 | 현미 139

콩류

녹두 140 | 두부 141 | 렌틸콩 143 | 검은콩 144 | 완두콩 146

과일류

귤 147 | 딸기 148 | 멜론 150 | 바나나 151 | 배 152 | 사과 154 |
수박 156 | 블루베리 158 | 크랜베리 160 | 키위 161

천연물

인삼 163 | 작약 164 | 황기 165 | 구기자 166 | 오미자 167 |
당귀 168 | 하수오 169 | 갈근 170 | 계피 171 | 결명자 172 |
오가피 173 | 홍화 174 | 단삼 175 | 강황 176 | 진피 177 |
복령 178 | 길경(도라지) 179 | 산사 180 | 적소두(팥) 181 | 이의인 182

Part 1

반려견의
건강과 영양

말 못 하는 반려견에게도 크고 작은 질병이 찾아오기 마련입니다. 평소에 어떻게 관리를 해주어야 좋을지 고민하게 되어있지요.

이 고민을 조금이나마 덜어드릴 수 있게 반려견의 건강과 영양, 체질 등에 맞게 정보를 드립니다. 펫 영양사 선생님과 한의사 선생님의 세심한 답변이 여기 있습니다.

Q & A

'펫 영양사 선생님'이 알려주는
반려견을 위한 건강·영양 관리 포인트!

천연재료를 활용한 음식이 주는 장점은 무엇인가요?

천연재료로 직접 만든 음식은 여러 가지 좋은 점이 있습니다. 가장 먼저 내 강아지의 건강 상태에 따라 적절한 식사를 줄 수 있습니다. 게다가 포만감을 주는 것과 동시에 소화가 잘되어 흡수도 빠르다는 장점을 가지고 있습니다. 반려견은 늘 신선한 음식을 먹을 수 있고요. 보호자가 직접 재료 를 엄선하니 무엇보다 안전한 음식을 줄 수 있다는 것은 최고의 장점 입니다.

천연 음식을 제공받은 강아지는 수분 공급이 원활해지면서 변도 건강해져요. 또한 제철 재료로 음식을 만들 수 있으므로 식재료가 가지는 가장 최적의 영양분을 공급받을 수 있습니다. 사람이 건강한 음식을 먹어야 건강한 신체를 가지게 되는 것처럼 우리 강아지도 신선한 재료로 만들어진 천연 음식을 먹는다면 건강해지겠지요.

천연식사는 강아지에게 디톡스 효과를 주기도 합니다. 공장에서 만들어진 사료를 섭취한 반려견의 장기는 각종 화학물질과 유해물질을 흡수하기 마련인데, 천연재료로 만든 음식을 제공받는다는 것은 건강한 신체를 유지할 수 있도록 자연 치유력을 제공받는 것입니다.

자연 치유력은 각종 질병에 노출될 확률을 낮춰주고, 해독작용도 하게 됩니다. 스스로 건강한 신체를 유지해 나갈 힘을 얻게 되어 건강한 일상생활을 할 수 있게 해줍니다. 그 밖에도 여러 가지 메뉴를 경험하면서 다양한 맛을 느끼고 즐길 수도 있나는 것도 장점입니다.

Q2

생식, 건조식, 가열식 중 뭐가 적절한가요?

생식, 건조식, 가열식은 모두 반려견이 먹을 수 있는 음식의 형태입니다. 무조건 한 형태로 섭취할 이유가 없습니다. 강아지의 식습관, 건강 상태, 배고픔의 정도에 따라 적당한 변화를 주어 제공해야 합니다. 음식은 절대적인 것이 아니라 다양한 요소를 고려하여 먹는 것이기 때문입니다. 생식, 건조식, 가열식 중에서 무엇을 섭취하는 것이 좋을지 보호자의 조건과 반려견의 상황에 맞게 유동적으로 적용하는 것이 가장 좋습니다.

생식

동물의 본성을 살리는 가장 적합한 식이 형태입니다. 쉽게 말해 생고기를 먹이로 주는 것입니다. 신선한 고기를 사용하기 때문에 소화 흡수율이 매우 좋습니다. 다만, 살모넬라균, 대장균과 같은 세균들도 함께 먹게 되어 주의가 필요합니다.

건조식

한국은 물론이고 전 세계적으로 흔히 '사료'라고 부르는 것이 건조식의 대표라고 할 수 있습니다. 평균적으로 안정적인 영양소를 함유하고 보관이 간편하지만, 산화가 빠른 편이고, 제조 과정과 유통 과정에서 문제가 발생하면 대응하기가 어려울 수 있습니다. 원재료의 상태를 알 수 없다는 단점도 있습니다.

가열식

가열식은 생식과 건조식의 중간 지점에 있는 식이 형태에요. 화식, 자연식이라 고도 합니다. 사람이 섭취하는 음식과 흡사한 모양을 갖는 것이 특징입니다. 신선한 재료로 반려견의 상태에 맞게 조리가 되고 유해균에 대한 방어가 가능한 장점이 있습니다. 단점으로 재료에 대한 지식이 필요하며 조리 시간이 소요된다는 것은 단점입니다. 보호자의 꾸준한 정성과 시간이 필요로 하는 식이 형태입니다.

Q3 반려견의 나이에 따른 식이조절이 필요할까요?

반려견의 생애 주기에 따라서 먹이를 주는 것을 조절하는 것은 당연합니다. 다만, 절대적인 수치는 정해졌다고 할 수는 없지만, 평균적인 수치가 있습니다. 이 수치를 참고하여 반려견의 상태에 맞게 적절하게 조절하는 것이 필요로 합니다.

(탄생 ~ 10개월)

성장기의 반려견

1일 4회

충분한 영양소를 섭취하여 쑥쑥 자라야 하므로 하루에 4회 정도의 식사를 주는 것이 좋아요.

(소형견 10개월 ~ 8세, 중대형견 2 ~ 7세)

성장이 끝난 반려견

1일 2~3회

성장이 끝난 강아지는 평균 2~3회 정도 식사를 주는 것이 적당합니다. 무조건 많은 양을 주는 것보다 환경, 활동량 등을 고려하여 음식을 주세요.

(소형견 9세 이상, 중대형견 8세 이상)

노령의 반려견

1일 2회

소화기가 약해져 있으므로 하루 2회 정도 주는 것이 좋습니다. 먹이의 어떤 제형(먹이의 형태 및 재료)과 양을 고려해서 주세요.

Q4 반려견에게 필수 영양소는 무엇인가요?

반려견도 사람과 마찬가지입니다. 단백질, 지방, 탄수화물, 비타민, 미네랄은 건강한 삶을 위한 필수 5대 영양소입니다. 물론 영양소의 배분은 사람과 다르고 반려견에 맞는 영양 관련 지식이 필요하지요. 각종 영양소와 식재료의 특성을 안다면 맛 좋고 건강한 식단을 만들 수 있을 것입니다.

단백질

뼈, 근육 등의 조직을 만드는 성분으로 동물성 단백질과 식물성 단백질로 나누어집니다. 단백질이 부족해지면 면역력이 저하되고 건강한 신체 조직을 유지할 수 없습니다. 반면 과도한 섭취는 노폐물을 많이 생성해 신장과 다른 장기에 부담을 주게 됩니다.

지방

가장 많은 열량을 내는 영양소입니다. 지용성 비타민의 흡수를 돕고, 피부와 밀접한 관련이 있습니다. 음식의 기호성을 결정짓는 영양소이기도 합니다. 지방이 부족하면 심장 질환과 당뇨병 발병률이 올라가고 과도한 섭취는 비만이나 췌장에 문제를 일으킬 수 있습니다.

탄수화물

신체의 에너지원이 되어 뇌와 근육을 활동할 수 있게 합니다. 탄수화물 공급을 꺼리는 경우가 있는데, 생명 유지를 위한 필수 영양소입니다. 사람처럼 많이 먹을 필요는 없지만, 적절한 양을 먹어야 건강을 유지할 수 있습니다.

5대 영양소

단백질 / 지방 / 탄수화물 / 미네랄 / 비타민

미네랄

미네랄은 무기질이라고도 하며 세포 활성, 생리 기능 등에 필요한 영양소입니다. 칼슘, 마그네슘 등이 그것이지요. 과잉은 질병의 원인이 될 수 있으므로 적정량을 제공해야 합니다.

비타민

비타민은 영양 밸런스를 위해 다양한 기능을 합니다. 지용성 비타민과 수용성 비타민이 있습니다. 지용성 비타민인 A, D, E, K는 저장이 가능하므로 적정량을 섭취하도록 해야 합니다. 반면에 수용성 비타민은 저장이 되지 않고 체외로 배출되는 영양소로 음식으로 매일 섭취해야 합니다.

Q5 반려견의 건강 상태에 따라 섭취하면 좋은 식재료는 무엇인가요?

지금 추천하는 식재료는 영양적 도움을 줄 수 있는 것입니다. 그러므로 반려견이 아플 경우에는 꼭 동물병원을 먼저 방문하셔서 진료받으시길 권합니다.

면역력이 떨어졌을 때 - 식이섬유
면역력이 떨어졌을 때는 면역 세포가 있는 장을 활성화하는 식재료를 추천합니다. 식이섬유가 풍부해 소화에 도움을 주는 식재료로 만든 먹이를 주세요.

추천 식재료
고구마, 무 등
 · · ·

피부병이 있을 때 - 지방
피부에 자주 문제가 발생할 때는 지방의 보충이 필요할 수 있습니다. 특히 필수지방산이 풍부한 생선류로 만든 음식이 도움이 될 수 있어요.

추천 식재료
연어, 아마씨유 등
· · ·

신장이 약해질 때 - 수분
수분이 풍부한 음식을 먹이세요. 수분이 풍부한 식재 료로 만든 천연 음식은 몸속의 노폐물 배출에 도움을 준답니다.

추천 식재료
크렌베리, 검은콩 등
 · · ·

기력이 떨어질 때 - 단백질, 탄수화물
강아지가 힘이 없고 무기력할 때, 에너지를 많이 소모했을 때, 단백질과 탄수화물을 보충해 주는 것이 기력 회복에 도움을 줄 수 있어요.

추천 식재료
닭가슴살, 바나나 등
 · · ·

간이 허약할 때 - 지용성 비타민
간이 허약한 반려견에게는 지용성 비타민이 풍부한 식재료로 영양 균형을 조절해 주세요. .

추천 식재료
당근, 키위 등
 · · ·

관절이 약할 때 - 칼슘
칼슘이 풍부한 먹이를 먹이세요. 비만이 되지 않도록 식단 관리도 해야 합니다.

추천 식재료
멸치, 파프리카 등
 · · ·

Q6 반려견이 꼭 주의해야 할 식재료는 무엇인가요?

양파, 부추, 파류
혈액 안의 적혈구를 단시간 안에 파괴하여 쇼크를 일으킬 수 있어 먹이지 않습니다.

게, 새우
갑각류의 껍질에는 뼈에 좋은 영양소가 많습니다. 다만, 소화력이 좋지 못한 반려견은 소화기에 부담을 줄 수 있으니 주의하세요.

오징어류
건조 오징어를 먹이면 소화에 문제를 일으킬 수 있습니다. 오징어는 전문가와 상담 후에 먹일 수 있는 식재료입니다.

초콜릿
중독성 물질인 카카오가 함유되어 주의 필요해요

생콩류
가열하여 익히지 않은 콩류는 장내 가스를 생성해 복통을 유발합니다.

마카다미아넛
특히 주의해야 하는 견과류입니다. 구토와 마비 후유 증상을 보일 수 있습니다.

아보카도

반려견이 먹을 수 있는지 논란이 있으며 아직 결론이 나지 않은 식재료입니다. 아보카도에 함유된 페르신 성분이 치명적일 수 있어요.

동물의 뼈

익히지 않은 생뼈나 삶은 뼈는 소화기에 문제를 일으킬 수 있어요. 안전하게 가공된 뼈를 주는 것이 좋습니다.

알콜류

개를 비롯해 일반적인 동물은 알콜 분해 능력이 낮아요. 호흡곤란, 구토 등 심각한 문제의 원인이 될 수 있습니다.

달걀흰자

가열하지 않고 섭취하면 '아비딘'이라는 성분이 적혈구를 파괴하여. 용혈성 빈혈을 일으킬 수 있습니다. 충분히 가열하여 익혀 먹는다면 문제없이 섭취할 수 있습니다.

익히지 않은 생선류

익히지 않은 어류는 기생충이 있을 수 있습니다. 또 상위 포식자인 연어, 상어와 같은 물고기는 수은에 오염된 개체가 있을 수 있어 주의가 필요합니다.

포도

적혈구를 파괴할 수 있고 급성 신부전을 일으킬 수도 있습니다.

그 외

알로에, 자극적인 향신료, 과일 씨, 자일리톨 등도 급성 질환을 일으켜 곤란한 상황에 빠질 수 있어 주의가 필요합니다.

Q7 응가로 반려견의 건강을 체크하고 계시나요?

반려견의 대변은 소화가 잘 되는지, 어떤 음식을 먹었는지, 질병이 발생했는지 등을 바로 체크할 수 있게 해주기도 합니다. 비트를 먹으면 대변과 소변이 빨갛게 나오고, 좋지 않은 식재료로 만든 음식을 먹으면 대변 상태가 비정상적인 형태로 나올 수 있습니다. 반려견의 대변 상태를 유심히 관찰하는 것은 보호자의 중요한 일입니다.

설사를 할 때

새로운 음식을 제한하고 금식이 필요할 수 있습니다.

변비가 심할 때

식이섬유가 풍부한 음식과 충분한 수분을 섭취해야 합니다.

**진흙처럼
너무 묽은 대변**

수분을 과하게 섭취했거나 새로운 먹이를 먹었을 때 나타날 수 있는 변입니다. 먹은 음식이 무엇인지 체크해 보세요.

**대변 색이
너무 검을 때**

장내 출혈이 있을 수 있습니다.

**딱딱하거나
뚝뚝 끊어진 대변**

수분을 충분히 섭취해야 해요.

녹색 대변

식중독이나 바이러스 감염일 수 있습니다.

Q8

반려견의 장기는 사람과 어떻게 다른가요?

사람의 장기는 우리가 지식이 있고 정보도 찾을 수 있습니다. 반려견의 장기는 사람과 비슷한 부분도 있지만 차이점도 있습니다. 말로 직접 표현을 못 하는 반려견을 위해서 각 장기의 역할과 문제가 생기면 어떤 증상을 보이는지 알아두는 것이 중요해요. 건강에 문제가 생긴다면 의사에게 진료를 받고 적절한 치료와 식이 관리를 해주는 것이 좋겠지요.

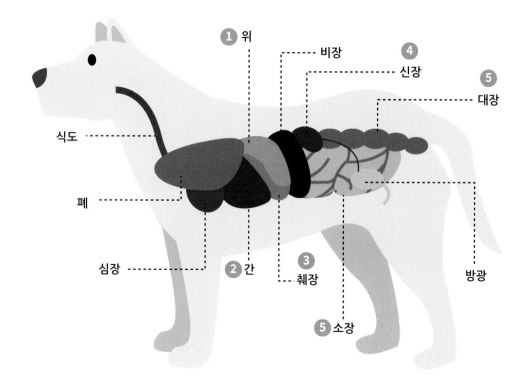

① 위

음식을 잘 섞고 저장하는 역할을 합니다. 음식이 위에서 머무는 시간은 대략 3 ~ 7시간 정도 된답니다.

이상신호 : 구토

위가 나빠지면 대부분 구토를 합니다. 먹은 것을 소화하지 못 했을 경우 분해되지 않은 내용물이 토사물로 나올 수 있어요. 위산이 너무 많이 분비되거나 공복 상태가 길어졌을 경우에는 노란색 점액질을 토할 수 있습니다.

② 간

사람의 간처럼 해독과 영양소를 저장하는 역할을 해요. 소장에서 흡수된 영양소는 혈액을 타고 이동해 간에 저장이 됩니다.

이상신호 : 식욕 저하, 간 수치 이상

간에 이상이 있으면 식욕이 저하됩니다. 먹이를 잘 먹지 않을 때는 혈액 검사를 해 볼 필요가 있습니다. 간 수치를 비롯한 신체 상태를 파악할 수 있거든요. 간의 상태가 좋지 않을 때는 필요한 영양소를 저장하기가 어려워질 수 있으므로 평소에 식단 관리를 해주는 것이 좋겠습니다.

③ 췌장

영양소들이 잘 흡수되고 저장되도록 소화와 관련된 효소를 만들고 방출하는 기능을 합니다.

이상신호 : 설사 및 구토

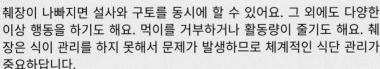

췌장이 나빠지면 설사와 구토를 동시에 할 수 있어요. 그 외에도 다양한 이상 행동을 하기도 해요. 먹이를 거부하거나 활동량이 줄기도 해요. 췌장은 식이 관리를 하지 못해서 문제가 발생하므로 체계적인 식단 관리가 중요하답니다.

4 신장

영양분을 흡수하고 남은 찌꺼기들을 정화하여 배출하는 일을 합니다. 간과 신장은 밀접한 관계가 있으니 함께 관리하는 것이 좋아요.

이상신호 : 소변 횟수의 변화, 물을 먹는 양의 변화

신장에 이상이 생기면 소변 횟수나 물을 먹는 양의 급격한 변화가 생길 수 있어요. 소변을 자주 보면서 물을 많이 마시거나 반대로 소변 횟수가 줄면서 물을 적게 마실 수 있습니다. 이런 때에는 동물병원에서 정밀 검사를 받는 것이 좋습니다.

5 장

장은 크게 소장과 대장으로 구성됩니다. 장은 섭취한 음식물의 영양소를 흡수하며. 소장은 먹이의 영양소를 대장은 수분을 흡수해요. 음식물이 장에 머무는 시간은 10 ~ 30시간 정도로 편차가 큰 편이에요.

이상신호 : 대변의 변화, 활동량 감소의 변화

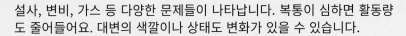

설사, 변비, 가스 등 다양한 문제들이 나타납니다. 복통이 심하면 활동량도 줄어들어요. 대변의 색깔이나 상태도 변화가 있을 수 있습니다.

Q & A

'한의사 선생님'이 알려주는
반려견을 위한 건강·영양 관리 포인트

Q1 반려동물의 체계적인 건강관리를 한의학으로 할 수 있나요?

반려동물과 함께하는 사람이 늘면서 반려동물의 건강에 관한 관심도 늘고 있습니다. 반려동물이 가족이 되었다는 의미겠지요. 가족이 아프면 걱정을 많이 하고 세심하게 챙겨주는 것처럼 강아지에게도 그런 보살핌이 필요하지요. 특히 노령의 반려동물들이 늘어나는 추세여서 미리 건강을 챙기는 사람들도 늘고 있습니다.

하지만 평소에 강아지의 건강을 챙겨주는 방법을 아는 사람은 많지 않습니다. 실제로 병이 발생했다면 병원을 가야겠지만, 의학적인 치료가 필요치는 않지만, 미리 챙겨주는 것이 좋은 상태일 수 있습니다. 혹은 치료 효과를 높이기 위해서 한의학의 도움이 필요할 수 있습니다.

그런데 강아지인데, 왜 한의학 이야기가 나오는 것인가 궁금해하실 수 있습니다. 아주 옛날에도 사람들은 동물을 키웠습니다. 당연히 치료 방법과 관리 방법이 있었습니다. 주변에서 쉽게 구할 수 있는 약초나 음식으로 치료하였지요. 어떤 동물은 스스로 특정 약초를 찾아 먹어 치료하는 일도 있습니다.

실제로 오스트리아, 독일, 스위스의 수의사 2,675명을 대상으로 한 조사에서 4분의 3이 동물치료를 위한 여러 영역에서 한방 재료를 사용하고 있다고 이야기했습니다. 그만큼 한의학이 반려동물의 건강관리에 효과적인 수단으로 새롭게 주목받고 있다는 의미겠지요. 한의학 지식이 조금만 있어도 반려동물의 건강을 챙기는 데에 큰 도움이 될 것입니다.

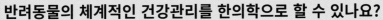

한방 천연물을 반려견 건강관리에 어떻게 활용할 수 있을까요?

한의학에서는 병의 치료도 중요하지만, 병에 걸리기 전에 예방하는 것을 더 중요하게 생각합니다. 이것은 사실 모든 사람이 건강하기 위해 실천해야 하는 것이기도 합니다.

'약식동원(藥食同源)'이라는 말이 있습니다. 약과 음식의 근원은 같다는 뜻으로 한방 재료와 천연 식재료는 병을 예방하고 다스리는데, 중요한 역할을 합니다. 한의학적 지식이 있다면 자신의 체질에 맞게 음식을 먹을 수 있습니다. 아플 때는 앓고 있는 병에 안 좋은 음식을 피할 수도 있습니다. 그만큼 건강관리에 큰 도움이 될 수 있지요.

반려견의 건강과 질병에 따라서 몇 가지 예를 들겠습니다. 다만, 어떤 천연 재료든 사람의 투여량만큼이 아니라 아주 극소량을 사용한다고 생각해야 합니다.

- 여름만 되면 설사하는 반려견

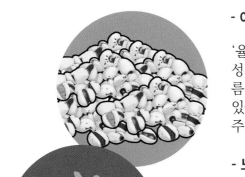

'율무'가 도움이 될 수 있습니다. 대변에 지나치게 생성된 수분을 줄여서 설사를 방지할 수 있습니다. 여름에는 보통 장이 차가워지면서 배탈이 쉽게 날 수 있습니다. 수박이나 멜론처럼 성질이 차가운 음식을 주의해 주세요.

- 노령의 반려견

노령견에게는 녹용을 활용해 볼 수 있습니다. 기력을 끌어 올리는 효과가 뛰어난 약재거든요. 나이가 들수록 체력은 떨어지고 회복 속도도 더뎌지기 때문에 녹용으로 체력을 강화하여 병을 예방할 수 있습니다. 수술 후에 몸을 회복하는 데에도 도움이 될 수 있습니다.

- 피부병이 있는 반려견

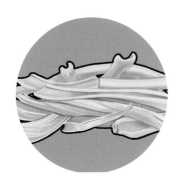

피부병은 반려견들에게 흔하게 생기는 질환이지요. 특히 귀가 기다란 견종은 귀 안에 자주 습진이 생길 수 있습니다. 지나치게 기름진 음식은 염증을 유발할 수 있어 피하는 것이 좋습니다. 염증을 진정시킬 수 있는 길경이나 창출을 챙겨주면 호전될 수도 있습니다.

Q3 한의학 용어가 낯설고 어려워요!

한자로 된 한의학 용어가 어렵게 느껴질 수 있습니다. 이 책에서 자주 쓰이는 용어를 이해하기 쉽게 풀어드릴게요.

기혈(氣血)

기혈은 기력과 체액(혈액, 림프액 등)을 가리키는 말입니다. 기운(氣)이 부족한 상태를 기허라고 하며 혈(血)이 부족한 상태는 혈허라고 하지요. 기운이나 혈이 부족해지면 여러 문제가 생길 수 있어 식단 관리가 필요합니다.

담음(痰飮)

노폐물의 일종으로 생각하면 돼요. 신진대사나 체액 순환이 원활하게 되지 않거나 잘못된 식습관, 생활 습관이 원인이 되어 나타나게 되지요. 몸이 잘 붓거나 배에서 물 내려가는 소리가 자주 들리면 담음에 해당하는 증상이에요.

어혈(瘀血)

혈액 순환이 원활하지 않아 생기는 증상입니다. 혈액이 엉겨서 생기는 혈전이나 멍이 이에 해당하는 예입니다.

한열(寒熱)

한열은 몸의 차고 뜨거움을 말해요. 설사를 하더라도 장이 차가워지면서 하는 설사일 수도 있고, 염증이 원인이 된 열성(熱性) 설사일 수도 있어요. 증상은 같지만, 원인이 다르므로 치료 방법도 달라져야겠지요. 한열은 또 음식이나 약재의 성질을 가리키기도 해요. 양고기는 뜨거운 성질을 가졌지만 돼지고기는 차가운 성질을 갖고 있지요.

장부(臟腑)

위장이나 간, 폐와 같은 장기를 가리키는 말이에요.

경락(經絡)

쉽게 말하면 혈자리를 이은 선을 말해요. 사람이나 동물 모두 마사지할 때 경락을 알고 있다면 효과를 높일 수 있어요.

울(鬱)

한자만 봐도 속이 탁 막힐 정도로 복잡해 보이지요. 실제로 이 한자는 '막히다'는 뜻을 가지고 있지요. 스트레스를 받거나 긴장하여 전체적으로 몸의 순환이 안 되고 꽉 막힌 상태가 될 것입니다. 반려견에게 울이 생기면 지나치게 예민해지고 잠을 못 자는 증상을 보일 수 있답니다.

습열(濕熱)

몸에 습하고 뜨거운 기운이 가득한 상태를 가리킵니다. 일반적인 염증성 질환들은 대부분 여기에 해당합니다.

오미(五味)

'다섯 가지 맛'이라는 뜻으로 신맛, 쓴맛, 단맛, 매운맛, 짠맛으로 분류합니다. 한의학에서는 음식이나 약재의 효능을 말할 때, 맛과 성질을 함께 말한답니다.

Q4 반려견의 건강과 체질에 맞는 식재료를 추천해 드려요.

평소에 반려견의 행동과 상태를 유심히 관찰하고 체크를 해두면 어떤 체질을 가졌는지 건강 상태는 어떤지 알 수 있습니다. 다음 체크리스트를 꼼꼼히 체크하다 보면 건강 상태와 체질, 그에 맞는 식재료를 추천해 드릴게요. 식재료는 이 책에서 소개하고 있는 것들이에요.

반려견 건강 상태 체크리스트

체크.1 - 기허(氣虛)

기운이 부족하다면 어떻게 알 수 있을까요?

☐ 쉽게 피곤을 느끼고 금방 지친다.
☐ 수면 시간이 평소보다 늘어난다.
☐ 조금만 움직여도 숨을 헐떡거린다.
☐ 식욕이 없다.
☐ 배에 가스가 자주 차고 소화를 못 시킨다.

체크.2 - 혈허(血虛)

혈이 부족한 걸 어떻게 알 수 있을까요?

☐ 모질이 가늘어지거나 푸석하고 건조하다.
☐ 피부가 건조하고 각질이 일어난다.
☐ 변이 건조하다.
☐ 발바닥이 너무 건조하다.
☐ 혀가 마르거나 코가 건조하다.

체크.3 - 양허(陽虛)

몸이 지나치게 차다면 어떻게 알 수 있을까요?

☐ 추위를 많이 타고 따뜻한 곳을 찾아다닌다.
☐ 설사를 자주 하거나 변이 무르다.
☐ 배를 만졌을 때 따뜻하지 않다.
☐ 대변에 소화되지 않은 음식이 자주 섞여서 나온다.

체크.4 - 음허(陰虛)

몸이 지나치게 뜨겁다면 어떻게 할 수 있을까요?

☐ 더위를 많이 탄다.
☐ 설사 후 항문 주위가 무르거나 피부 상태가 나쁘다.
☐ 습진이나 기타 염증 질환이 자주 생긴다.
☐ 눈곱이 자주 끼거나 눈이 자주 충혈된다.

체크.5 - 담음(痰飮)

담음(노폐물)이 많다면 어떤 증상이 있을까요?

☐ 배에서 물 내려가는 소리가 자주 들린다.
☐ 장에 가스가 자주 찬다.
☐ 체중이 과다하게 늘어난다.
☐ 흐리고 비 오는 날에 힘이 없다.

체크.6 - 어혈(瘀血)

어혈이 많다면 어떻게 알 수 있을까요?

☐ 비듬이 많다.
☐ 최근에 부딪히거나 다친 적이 있다.
☐ 심부전 등 심장 질환이 있다.
☐ 관절에 통증을 자주 느낀다.

체크.7 - 습열(濕熱)

습열이 많다면 어떻게 알 수 있을까요?

☐ 식욕이 왕성한 편이다.
☐ 구내염이 생기거나 입 냄새가 심하다.
☐ 중등도 이상의 염증성 질환이 진행되고 있다.
☐ 피부가 심하게 붉어지고 짓무르며 염증이 심하다.

체크.8 - 기울(氣鬱)

울이 많다면 어떤 증상이 있을까요?

☐ 갑자기 소변을 실수한다.
☐ 자주 하품을 하거나 한숨을 쉰다.
☐ 음식을 잘 먹지 않는다.
☐ 수면 패턴에 변화가 생긴다.

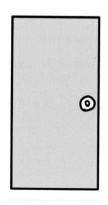

반려견 건강 상태별 추천 식품

상태	추천 식재료	한방 천연물
기허 기운이 부족한 상태	`채소류` 감자, 고구마, 마, 단호박 `생선류` 고등어, 건멸치, 빙어 `고기류` 닭가슴살, 소고기, 칠면조고기 `곡류` 기장, 백미, 흑미	인삼, 황기
혈허 혈이 부족한 상태	`채소류` 당근 `생선류` 갈치, 도미, 연어 `알류` 달걀, 메추리알 `고기류` 소간, 돼지안심, 오리고기 `유지류` 올리브유 `버섯류` 목이버섯	작약, 당귀, 하수오
양허 몸이 지나치게 찬 상태	`고기류` 양고기	계피
음허 몸이 지나치게 뜨거운 상태	`채소류` 배추, 시금치, 아스파라거스, 토마토 `고기류` 토끼고기 `해조류` 굴, 홍합 `유지류` 우유, 무염버터, 치즈 `곡류` 조 `과일류` 딸기, 바나나, 배, 사과	구기자, 오미자
담음 노폐물이 많은 상태	`생선류` 송어 `과일류` 귤	진피, 복령, 길경, 산사
어혈 혈액 순환이 좋지 않은 상태	`채소류` 밤 `유지류` 아마씨유	홍화, 단삼, 강황
습열 몸이 습하고 뜨거운 상태	`채소류` 오이, 콩나물, 상추 `버섯류` 새송이버섯 `콩류` 녹두, 검은콩 `과일류` 멜론, 수박, 키위	적소두, 의이인
기울 스트레스가 많은 상태	`채소류` 무, 셀러리, 연근, 청경채 `해조류` 미역 `버섯류` 양송이버섯, 표고버섯 `곡류` 메밀, 통밀, 보리 `콩류` 완두콩	

Q5

혈자리를 알고 반려견의 마사지에 활용해요.

반려견이 침을 맞는 모습이 이제는 그리 낯선 풍경이 아닙니다. 침치료는 반려견의 통증을 줄이고 근육을 이완해 회복시키는 데 좋습니다. 집에서 시침을 할 수는 없지만, 혈자리를 마사지해 건강을 챙겨줄 수 있습니다. 부드럽게 마사지를 해주면 긴장을 풀어줄 수도 있고 보호자와의 유대감 형성에도 도움이 된답니다.

정명BL1

눈의 건강에 좋은 혈자리

눈 주변을 만져보면 뼈가 동그랗게 감싸고 있어요. 눈 안쪽에 오목한 곳이 정명입니다. 정명혈을 위아래로 부드럽게 마사지해 주면 눈 건강과 심한 눈물 자국에 도움이 돼요.

태연LU9

기력을 북돋아 주는 혈자리

태연은 앞발의 두 번째 관절에 있는 혈자리에요. 몸의 순환을 도우면서 체력과 폐 기능을 향상시키는 혈자리랍니다. 기력이 부족할 때 마사지해 주면 도움이 돼요.

사람의 혈자리도 잘 모르는데 강아지의 혈자리를 마사지할 수 있을까 걱정이 앞설 수도 있습니다. 다음은 간단하게 찾아서 마사지할 수 있는 혈자리를 안내해 드릴게요. 단, 반려견은 사람과 몸의 구조가 달라서 부드럽게 마사지를 해주는 것이 좋아요. 마사지를 전체적으로 해주면 림프 순환 효과까지 기대할 수 있답니다.

신수BL23

디스크와 척추 건강에 좋은 혈자리

반려견의 등뼈를 만지면 척추뼈가 조금씩 튀어나온 부분이 있을 텐데요. 신수혈은 꼬리뼈에서 세 마디 정도 올라온 척추뼈에서 양쪽에 손가락 한 마디 정도 떨어진 곳에 있어요. 특히 요통이 있을 때 쓰이는 혈자리로 체력 회복에도 도움이 돼요. 척추뼈에서 손가락 한 마디가 떨어진 위치에는 모두 혈자리가 있어 전반적으로 마사지 해주어도 좋습니다.

족삼리ST36

소화를 돕는 혈자리

뒷다리 고관절에서 약간 내려간 곳에 있는 족삼리는 소화를 촉진하고 순환을 도와준답니다. 위장에 탈이 났을 때 이곳을 마사지해주면 회복에 도움이 된답니다.

Part
2

반려견
영양 식재료 100
+
반려견
특식 레시피 40

완벽하게 조리한 먹이를 매번 만들어 주기는
너무 어렵고 평소 건강에 좋은 천연 식재료
라도 챙겨주고픈데 어떤 것을 챙겨줘야
하는지 아리송하지요.

여기 전문가가 엄선한 영양 식재료와 레시
피를 제안합니다. 내 반려견에게 맞는 것을
골라서 제공해 주세요.

채소류

01
가지

영양 성분(100g당)	탄수화물	단백질	지방	무기질	수분	수용성 식이섬유
열량 **19**kcal	4.4g	1g	0.1g	0.5g	94g	1.7mg

맛	☑ 단맛	☐ 짠맛	☐ 신맛	☑ 쓴맛	☐ 매운맛

제철	성질	☐ 차가움(寒)	☑ 서늘함(凉)	☐ 중간(平)	☐ 따뜻함(溫)	☐ 뜨거움(熱)
☑ 봄 ☑ 여름 ☐ 가을 ☐ 겨울	효능	청열(淸熱)·해열, 이뇨 작용, 어혈 제거, 항암 효과, 장 기능 강화, 암 예방, 피부 보호				

 좋은 재료 고르기

표면에 상한 곳이 없고 윤기가 많은 가지를 고르자. 껍질이 진한 보랏빛을 띨수록 잘 익었다고 볼 수 있다

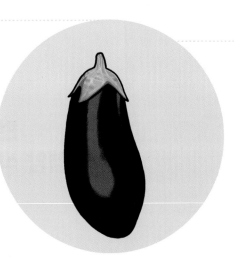

💕 최고의 짝꿍

가지와 파프리카를 섞어서 주면 파프리카의 베타카로틴이 보강되어 항산화에 도움을 준다

⚠️ 주의사항

완전히 익혀서 주지 않으면 독성으로 위험할 수 있으니 주의해야 한다.

전문가 한마디

한의사 한마디

"열을 내리고 염증을 진정시켜요"

가지는 열을 내려주고 염증을 진정시키는 효과가 있어 습진 같은 염증성 피부 질환이나 세균성 장염에 좋은 음식입니다. 방사선 치료로 생긴 열감에도 도움이 됩니다. 성질이 서늘하여 장 기능이 떨어지면서 생긴 설사에는 주의해야 합니다.

펫 영양사 한마디

"비만 반려견에게 좋아요"

가지는 수분이 풍부하고 칼로리 또한 낮은 편에 속해 비만인 반려견에게 좋을 수 있다. 여타 재료보다 무기질 함량이 낮아서 미네랄 과다로 인한 부작용이 적다는 특징을 갖고 있지만, 독성이 있어 꼭 잘 익혀 먹어야 한다.

수분 섭취 가득
가지오이롤

수분의 섭취는 신장 건강은 물론 다양한 대사 활동에 도움이 되며
영양소 공급에 매우 중요한 요소예요. 수분이 풍부한
오이, 멜론, 가지를 활용한 특식.

재료	소형견(5kg기준)	9세 이상 노령견(5kg 기준)
☐ 닭가슴살	29g	26g
☐ 가지	73g	65g
☐ 오이	100g	90g
☐ 달걀	26g	23g
☐ 멜론	23g	20g

Tip

가지나 오이에
알레르기가 있는 경우
한 가지만 사용해도
좋아요.

 한방 재료
시너지

황정 0.1g 이하(한 꼬집)
황정은 둥굴레의 뿌리로 건조한 몸을 촉촉하게 하고 진액을 공급해 주는 약재.
수분 공급 효과가 좋아서 변이 다소 물러질 수 있어요.

★ 만드는 법

① 가지는 롤 모양으로 만들 정도로 길게 슬라이스하여 충분히 삶는다.
② 오이도 롤 모양으로 만들 정도로 길게 슬라이스하여 준비해 둔다.
③ 닭가슴살을 잘게 다지고 달걀물을 풀어 함께 팬에서 볶는다.
　＊ 시너지 tip : 닭가슴살과 달걀물을 볶을 때 황정 가루 한 꼬집 추가
④ 가지와 오이에 3을 넣고서 돌돌 말아 롤 형태로 만든다.
⑤ 멜론을 믹서로 갈아서 소스로 올려준다.

➕ Plus Point

① 가지는 충분히 익히지 않으면 독성이 남을 수 있으니 완전히 익어 갈색을 띨 때까지 가열하세요.
② 멜론이 없는 경우 평소 좋아하는 과일로 대체해도 좋아요.

02
감자

영양 성분(100g당)	탄수화물	단백질	지방	무기질	수분	칼륨
열량 **77**kcal	17.39g	2.07g	0.08g	0.96g	79.5g	374mg

맛	■ 단맛	□ 짠맛	□ 신맛	□ 쓴맛	□ 매운맛

성질	□ 차가움(寒)	□ 서늘함(凉)	■ 중간(平)	□ 따뜻함(溫)	□ 뜨거움(熱)

제철
□ 봄　■ 여름
■ 가을　□ 겨울

효능　위장 염증 진정, 장 기능 강화, 부종 제거

 좋은 재료 고르기

무게가 묵직하고 껍질이 얇은 것을 선택하는 것이 좋다. 주름이나 상처가 없는지 확인하는 것도 빼놓지 말자.

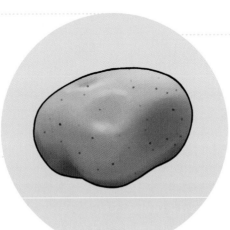

최고의 짝꿍

감자는 지방 함량이 다소 부족한 식재료로 약간의 무염버터나 올리브유를 넣어서 조리하면 음식궁합이 잘 맞는다.

⚠ **주의사항**

감자는 칼륨의 함량이 높아서 신장 기능이 약한 반려견에게는 세심한 주의가 필요해요.

전문가 한마디

한의사 한마디

"위장 질환에 좋은 식재료예요."

감자는 위통과 염증성 위장 질환 회복에 좋은 재료입니다. 쌀이나 소고기와 같이 기력을 돕는 식재료와 함께 먹으면 컨디션 회복에 도움이 됩니다.

펫 영양사 한마디

"탄수화물 함량이 적어요."

감자는 고구마와 비교해 탄수화물 함량이 반밖에 안 된다는 장점이 있습니다. 균형 잡힌 식사에 도움이 되며 알칼리 성분은 강하다는 특징을 가지고 있어요.

야채를 맛있게 먹게 하는 건강 레시피
당근채감자볶음

탄수화물의 흡수를 편안하게 도와주는 레시피로 단백질과 함께 일상의
야채를 제공하여 영양 밸런스 유지에 도움을 줍니다.

재료	소형견(5kg기준)
☐ 닭가슴살	21g
☐ 감자	48g
☐ 당근	60g
☐ 무	62g

Tip

감자가 없는 경우
고구마로 대체해도
좋아요.

한방 재료 시너지

산사 0.1g 이하(한 꼬집)
산사는 소화, 특히 육류의 소화를 돕는 효과가 있습니다. 노폐물을 제거하고 혈관
건강을 도와주기도 해서 고지혈증이나 혈관 질환이 있을 때도 도움이 됩니다.

⭐ **만드는 법**

① 닭가슴살을 얇게 채를 썬다.
② 감자, 당근, 무는 두께 약 0.3cm, 길이 약 4cm로 채 썬다.
③ 팬에 물을 소량 첨가하여 2를 넣고서 익힌다.
④ 채소가 80% 이상 익을 때쯤 닭가슴살을 넣고 익힌다.

➕ **Plus Point**

① 재료의 두께가 너무 두껍지 않아야 해요.

03
고구마

영양 성분(100g당)	탄수화물	단백질	지방	무기질	수분	비타민 B3
열량 **130**kcal	31.3g	1.5g	-	1.2g	66g	0.7mg

맛	☑ 단맛	☐ 짠맛	☐ 신맛	☐ 쓴맛	☐ 매운맛
성질	☐ 차가움(寒)	☐ 서늘함(凉)	☑ 중간(平)	☐ 따뜻함(溫)	☐ 뜨거움(熱)

제철
☐ 봄 ☑ 여름
☑ 가을 ☐ 겨울

효능　변비 완화, 체력 증강, 진액 생성, 혈액 순환

 좋은 재료 고르기

고유의 고구마 색을 균일하게 띠고, 무게감이 묵직하며, 잔털이 적은 것을 고르는 것이 좋다.

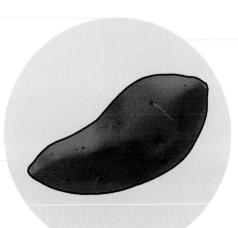

 주의사항

탄수화물 함량이 많아서 칼로리가 높은 편에 속한다. 너무 많은 양을 주지 않도록 주의하는 것이 좋다.

최고의 짝꿍

고구마와 사과를 함께 주면 식이섬유 공급에 시너지 효과가 있다. 변비 관리가 필요한 반려견에게 좋은 방법이다.

전문가 한마디

한의사 한마디

"변비를 예방하는 식재료예요."

고구마는 장 기능을 촉진해 변비를 예방해요. 혈액과 진액 공급을 돕기 때문에 노인성 변비에도 효과적입니다. 양질의 탄수화물을 공급해주어 체력을 북돋는 효과도 있지요. 다만 지나치게 많은 양을 먹을 때 가스가 찰 수 있어 주의가 필요해요.

펫 영양사 한마디

"다이어트가 필요한 반려견에게는 주의가 필요해요."

단 맛이 강한 고구마는 반려견이 좋아하는 경우가 많은 식재료예요. 비타민B3가 지방의 활성을 돕기 때문에 다이어트가 필요한 반려견에게는 큰 도움이 되지 않아요. 변비가 심한 경우에는 식이섬유 공급원으로 좋은 식품입니다.

채소류

04
당근

영양 성분(100g당)	탄수화물	단백질	지방	무기질	수분	베타카로틴
열량 **31**kcal	7.01g	0.97g	0.13g	0.69g	91.2g	3582ug

맛	☑ 단맛	☐ 짠맛	☐ 신맛	☐ 쓴맛	☐ 매운맛

제철
☐ 봄　☐ 여름
☑ 가을　☑ 초겨울

성질	☐ 차가움(寒)	☐ 서늘함(凉)	☑ 중간(平)	☐ 따뜻함(溫)	☐ 뜨거움(熱)

효능　위장 기능 강화, 혈액 보충, 진액 보충 촉진, 눈 기능 강화, 피부 보호

 좋은 재료 고르기

주황색이 진할수록 영양소가 풍부해요. 당근 고유의 풍미가 강하게 느껴지는 것을 고르세요.

주의사항

미국사료관리협회(AAFCO)의 사료 기준을 보면 비타민A는 성견 기준 250,000μg/kg 이하를 권장하고 있으니 제한된 양안에서 섭취하는 것을 권합니다.

최고의 짝꿍

당근과 브로콜리를 함께 섭취하면 좋다. 당근의 비타민C에 브로콜리의 비타민C가 더해져 세포를 더욱 건강하게 만들어준다.

전문가 한마디

한의사 한마디

"눈과 피부에 좋은 식재료예요."

당근은 신체에 필요한 혈액과 진액 공급 효과가 뛰어납니다. 특히 눈과 피부를 촉촉하게 유지하고 눈의 건조를 막아줍니다. 전반적으로 몸의 건조 증상을 호전시켜 주어요.

펫 영양사 한마디

"비타민A가 풍부해요."

베타카로틴은 비타민A로 전환되는 전구체(어떤 물질의 화학 합성을 돕는 물질)예요. 비타민A는 반려견 안구 건강에 매우 중요한 역할을 하지요. 다만 과다 섭취 시 부작용이 나타날 수 있으니, 주의가 필요합니다.

당뇨견을 위한 레시피
사슴고기당근꼬치

당뇨에 도움이 되는 복합 탄수화물 오트밀과
양질의 단백질을 공급해 주는 사슴고기로 영양 불균형
예방에 도움을 주는 레시피.

재료	소형견(5kg기준)
☐ 사슴고기	46g
☐ 당근	30g
☐ 오트밀	7g

Tip

사슴고기가 없을 때
캥거루고기로
대체해 주세요.

**한방 재료
시너지**

산약 0.1g 이하(한 꼬집)
산약은 마의 덩이뿌리로 혈당을 떨어뜨리고 말초신경병증 같은 당뇨 합병증 증상
을 완화하는 데 도움이 됩니다.

★ 만드는 법

① 사슴고기와 당근을 약 1cm 크기의 정사각형 큐브로 자른 후 삶아서 익혀준다.
② 오트밀을 빻아서 색이 노릇노릇해질 때까지 볶아서 익혀준다.
   ＊ 시너지 tip : 오트밀을 볶을 때 산약 가루 한 꼬집 추가
③ 나무꼬치에 삶은 사슴고기와 당근을 꽂고 볶은 오트밀을 뿌려준다.

➕ Plus Point

① 당근이 설익으면 소화가 어려우므로 완전히 익을 때까지 삶아주세요.

채소류

05
마

영양 성분(100g당)		탄수화물	단백질	지방	무기질	수분	비타민 B5
열량		10.51g	1.47g	0.25g	0.67g	87.1g	0.19mg
49kcal							

맛	■ 단맛	□ 짠맛	□ 신맛	□ 쓴맛	□ 매운맛
성질	□ 차가움(寒)	□ 서늘함(凉)	■ 중간(平)	□ 따뜻함(溫)	□ 뜨거움(熱)

제철
□ 봄   □ 여름
■ 가을 □ 겨울

효능　위장 기능 강화, 체력 증강, 신장 및 방광 기능 강화, 폐 기능 강화

 좋은 재료 고르기

잘리지 않은 마를 고를 때는 상처가 없는 것을 선택한다. 잘린 마를 구매할 때는 절단면이 변색이 되지 않은 것을 선택한다.

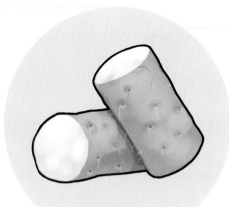

주의사항

마는 반드시 가열해서 사용해야 하는 식재료입니다.

최고의 짝꿍

마와 무는 궁합이 좋은 재료다. 특히 한여름 무더위 건강 관리에 도움이 된다. 갈증을 많이 느끼는 반려견에게 좋다.

전문가 한마디

한의사 한마디

"기력이 떨어졌을 때 좋아요."

마는 산에서 나는 약이라는 의미에서 '산약'이라고도 해요. 기력이 떨어져서 생기는 증상에 좋은 식재료입니다. 특히 위장 기능을 회복하고 폐 기능을 강화해서 설사나 기침 등에 모두 효과가 좋습니다. 다만 염증성 질환을 앓은 직후에는 피하는 것이 좋습니다.

펫 영양사 한마디

"피부 관리가 필요한 반려견에게 추천해요."

풍부한 비타민B5를 함유하고 있어요. 판토텐산으로 불리는 비타민B5는 단백질, 지방, 탄수화물 대사에 관여합니다. 특히 피부와 관련성이 높은데 피부 관리가 필요한 반려견에게는 매우 좋은 식품입니다.

06 무

영양 성분(100g당)	탄수화물	단백질	지방	무기질	수분	아연
열량 **15**kcal	3.36g	0.63g	0.09g	0.62g	95.3g	0.53mg

맛	☑ 단맛	☐ 짠맛	☐ 신맛	☐ 쓴맛	☑ 매운맛

성질	☐ 차가움(寒)	☑ 서늘함(凉)	☐ 중간(平)	☐ 따뜻함(溫)	☐ 뜨거움(熱)

제철
☐ 봄 ☐ 여름
☐ 가을 ☑ 겨울

효능 소화 촉진, 노폐물 제거, 기혈 순환 촉진, 진액 생성, 암 예방

 좋은 재료 고르기

들었을 때 무게감이 있는 것이 신선한 무다. 곧게 자랐는지, 잔 뿌리가 적어 매끈한지를 본다.

 주의사항

고유의 매운맛은 반려견에게 자극적일 수 있습니다. 충분히 가열하여 매운맛을 없애주세요.

 최고의 짝꿍

무는 수분이 풍부한 식재료로 동물성 단백질인 소고기와 함께 무를 갈아서 죽을 만들어 먹으면 건강식이 된다.

전문가 한마디

한의사 한마디

"기력이 떨어졌을 때 좋아요."

무는 소화를 촉진하고 노폐물을 제거하며 순환을 도와주는 효능이 있어요. 몸에 필요한 진액 생성을 도와주기도 해서 열성 질환을 앓은 뒤 섭취해 주면 좋습니다. 너무 많이 먹으면 기력이 떨어질 수 있어서 노령견은 양 조절이 필요합니다.

펫 영양사 한마디

"소화에 도움을 주어요."

소화 효소를 촉진하는 무는 위와 장의 관리가 필요한 반려견에게 좋아요. 열량은 낮고 수분 함량이 높아 적은 양을 먹어도 포만감을 느낄 수 있어요.

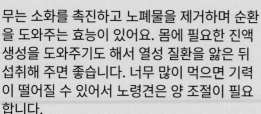

장의 균형을 잡는
오리고기무카나페

장의 밸런스는 건강한 삶을 유지하는 데 필수! 균형 잡힌 장을 위해
소화에 도움이 되는 백미, 망고 등을 활용한 장 건강 레시피.

재료	소형견(5kg기준)	9세 이상 노령견(5kg 기준)
☐ 오리고기	47g	42g
☐ 무	62g	55g
☐ 비타민채	33g	30g
☐ 백미	12g	10g
☐ 망고	7g	6g

Tip

비타민채가 없는 경우
근대로 대체해 보세요.

한방 재료 시너지 | 복령 0.1g 이하(한 꼬집)
복령은 과한 수분을 소변으로 내보내고 장 기능을 돕는 약재에요. 특히 장이 약해서 자주 복통을 느끼거나 설사하는 반려견에게 좋습니다.

★ 만드는 법

① 무는 한입 크기로 슬라이스해 삶는다.
② 오리고기와 비타민채는 잘게 다진 후에 팬에 볶는다.
  ＊ 시너지 tip : 오기고기와 비타민채를 볶을 때 복령 가루를 한 꼬집 추가
③ 백미를 완전히 익혀서 흰쌀밥으로 만든 후 2와 함께 섞는다.
④ 3의 재료를 삶은 무 위에 올려놓는다.
⑤ 망고를 잘게 다져서 위에 토핑한다.

➕ Plus Point

① 망고에 알레르기가 있다면 평소 즐겨 먹는 과일로 토핑하세요.
② 오리고기는 신선도가 금방 떨어지니 조리 시 항상 주의해 주세요.

채소류

07
밤

영양 성분(100g당)	탄수화물	단백질	지방	무기질	수분	식이섬유
열량 **154kcal**	33.95g	3.45g	0.51g	1.19g	60.9g	5.6mg

맛	☑ 단맛	☐ 짠맛	☐ 신맛	☐ 쓴맛	☐ 매운맛
성질	☐ 차가움(寒)	☐ 서늘함(凉)	☑ 중간(平)	☐ 따뜻함(溫)	☐ 뜨거움(熱)

제철
☐ 봄 ☐ 여름
☑ 가을 ☐ 겨울

효능 위장 기능 강화, 체력 증강, 근골 강화, 어혈 제거

 좋은 재료 고르기

밤은 고유의 둥근 모양을 유지하고 있으며 알이 굵을수록 속이 꽉 찬 밤이다.

최고의 짝꿍

닭가슴살과 밤은 궁합이 좋다. 반면 소고기와 밤은 서로 궁합이 맞지 않으므로 두 재료를 같이 넣지 말도록 하자.

주의사항

밤은 꼭 충분히 익혀서 주어야 소화를 시킬 수 있어요. 속껍질까지 벗겨서 노란 속살만 먹이세요. 출산 직후의 어미견에게는 많이 먹이지 마세요.

전문가 한마디

한의사 한마디

"설사나 구토 증상에 도움이 돼요."

밤은 위장 기능이 약해 설사하거나 구토하는 증상에 도움이 됩니다. 골절이나 타박상으로 근육이 손상되었을 때도 회복을 돕습니다.

펫 영양사 한마디

"식욕을 북돋아 주어요."

단 맛이 강한 고구마는 반려견이 좋아하는 경우가 많은 식재료예요. 비타민B3가 지방의 활성을 돕기 때문에 다이어트가 필요한 반려견에게는 큰 도움이 되지 않아요. 변비가 심한 경우에는 식이섬유 공급원으로 좋은 식품입니다.

08
배추

영양 성분(100g당)	탄수화물	단백질	지방	무기질	수분	칼슘
열량 **17**kcal	3.9g	1.4g	-	0.4g	94.3g	41mg

맛	☑ 단맛	☐ 짠맛	☐ 신맛	☐ 쓴맛	☐ 매운맛

성질	☐ 차가움(寒)	☑ 약간 서늘함(凉)	☐ 중간(平)	☑ 따뜻함(溫)	☐ 뜨거움(熱)

제철
☐ 봄 ☐ 여름
☑ 늦가을 ☑ 겨울

효능　청열·해열, 진액 생성, 노폐물 제거, 변비 완화, 소화 촉진

 좋은 재료 고르기

속이 꽉 찬 것일수록 좋은 배추다. 겉잎은 녹색이 선명하고 흰색 줄기 부분은 윤기가 흐르는 것을 고르면 된다.

 주의사항

다른 식재료에 비해 미네랄(무기질)이 약간 낮은 편에 속해 보강이 필요하다.

최고의 짝꿍

배추와 두부는 식이섬유, 비타민 C, 식물성 단백질을 동시에 섭취할 수 있는 조합으로 궁합이 좋은 편이다.

전문가 한마디

한의사 한마디
"장 운동을 도와줘요."

배추는 불필요한 열을 식히고 몸에 필요한 진액과 수분을 공급해 주는 음식입니다. 염증이 동반된 호흡기 질환 후에 몸을 회복하는 것을 도와주기도 해요. 장의 연동운동을 도와 변비를 예방하는 효과도 있어요.

펫 영양사 한마디
"칼슘이 풍부한 채소예요."

수분 함유량이 많아 포만감을 주는 식재료 중 하나예요. 또한 채소 중 칼슘 함량이 높은 편에 속하기 때문에 칼슘의 공급이 필요한 반려견에게 도움을 줄 수 있어요.

채소류

09
브로콜리

영양 성분(100g당)	탄수화물	단백질	지방	무기질	수분	엽산
열량 **27**kcal	4.3g	3.5g	0.4g	0.5g	91.3g	120ug

맛	■ 단맛	☐ 짠맛	☐ 신맛	☐ 쓴맛	☐ 매운맛

성질	☐ 차가움(寒)	☐ 서늘함(涼)	■ 중간(平)	☐ 따뜻함(溫)	☐ 뜨거움(熱)

제철
☐ 봄 ☐ 여름 ■ 가을 ■ 겨울

효능 　소화 기능 강화, 기혈 순환 촉진, 암 예방, 노화 방지, 근골 강화

 좋은 재료 고르기

봉오리의 간격이 촘촘하게 잘 뭉쳐져 있는 것이 좋아요. 송이 부분은 봉긋하고 줄기의 녹색이 진하면 신선한 상태예요.

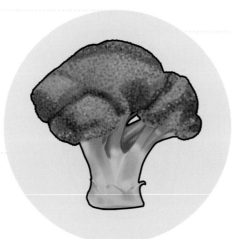

 최고의 짝꿍

브로콜리와 귤을 같이 먹으면 비타민C가 더욱 풍부해져 면역력을 북돋아 주어요.

 **주의사항**

송이 부분은 살짝 데쳐야 영양분이 파괴되지 않아요.

전문가 한마디

한의사 한마디
"위장 기능을 도와줘요."

브로콜리는 양배추와 기원이 같은 채소입니다. 위장 기능과 소화를 돕는 식재료지요. 영양학적으로 헬리코박터균의 생육을 억제하는 설포라판 성분이 포함되어 있습니다.

펫 영양사 한마디
"엽산이 풍부한 채소예요."

브로콜리는 송이보다 줄기에 영양가가 더 많아요. 하지만 강아지는 줄기의 소화가 어려울 수 있어 송이를 주는 것이 좋답니다. 브로콜리는 엽산을 풍부하게 가지고 있는데 혈관이나 혈액 건강 관리에 도움을 줄 수 있어요. 엽산은 체내에서 생성할 수 없으므로 음식을 통해 흡수해야 해요.

체력을 끌어 올려주는
오리고기고구마완자

면역력 활성을 돕는 브로콜리와 항산화 효과가 있는 토마토,
필수 아미노산이 풍부해 기초 체력 유지에 도움을 주는
오리고기를 활용한 식단.

재료	소형견(5kg기준)	9세 이상 노령견(5kg 기준)
☐ 오리고기	47g	42g
☐ 고구마	137g	123g
☐ 토마토	55g	49g
☐ 브로콜리	17g	15g

Tip

평소 탄수화물
섭취량이 많은
반려견은 고구마의
양을 반으로
줄여주세요.

한방 재료 시너지

인삼 0.1g 이하(한 꼬집)
인삼은 원기 회복을 돕고 면역력을 끌어올리는 효과가 뛰어난 약재입니다.
전반적으로 체력 증진에도 좋습니다.

★ 만드는 법

① 오리고기와 고구마는 갈아서 준비해 둔다.
    ＊시너지 tip : 오리고기와 고구마를 갈 때 인삼 가루를 추가.
② 토마토는 뜨거운 물에 데쳐 껍질을 벗기고 작게 자른다.
③ 브로콜리는 잘게 다져둔다.
④ 갈아 놓은 재료와 토마토, 브로콜리를 모두 섞어서 완자 모양으로 빚는다.
⑤ 냄비에 완자를 넣어서 찐다.

➕ Plus Point

① 꼭 완자 모양이 아니어도 괜찮아요. 먹기 편한 모양으로 빚어주세요.
② 브로콜리의 대는 잘 익지 않으므로 잘게 다진 후 식감이 부드러워질 때까지
    충분한 가열이 필요해요.

10
비트

영양 성분(100g당)	탄수화물	단백질	지방	무기질	수분	나트륨
열량 **26**kcal	5.8g	1.2g	-	1.0g	92g	55mg

맛	■ 단맛	□ 짠맛	□ 신맛	□ 쓴맛	■ 매운맛

성질	□ 차가움(寒)	■ 서늘함(凉)	□ 중간(平)	□ 따뜻함(溫)	□ 뜨거움(熱)

제철
■ 봄   ■ 여름
□ 가을 □ 겨울

효능   노폐물 제거, 혈액 생성 및 순환 촉진, 혈압 저하, 노화 방지

 좋은 재료 고르기

신선한 비트는 고유의 색이 매우 선명해요. 또한 단단할수록 잘 익은 비트이니 직접 만져서 확인해 보세요.

주의사항

비트는 나트륨 함량이 다소 높은 편이어서 너무 많은 양을 주지 않도록 주의가 필요해요.

최고의 짝꿍

비타민과 섬유질이 풍부한 비트 칼슘과 단백질이 풍부한 치즈를 혼합해서 주면 서로 영양 보충이 가능해요.

전문가 한마디

한의사 한마디

"혈관 건강에 도움을 주어요."

비트는 노폐물을 제거하고 혈관을 튼튼하게 해줍니다. 철분이 풍부해 빈혈에도 좋은 식재료지요. 다만 성질이 서늘한 편으로 설사나 소화 장애가 있을 때는 주의가 필요해요.

펫 영양사 한마디

"다이어트에 도움이 되는 식재료예요."

비트는 '빨강 무'라고도 불리며 예쁜 색감으로 인해 펫푸드에 자주 사용되는 식재료지요. 지방은 적고 수분 함량이 높은 것이 특징이에요. 반려견의 다이어트 및 비만 관리에 도움이 된답니다.

중성화 수술 후
오리고기비트주먹밥

중성화 수술 후 기력 회복이 필요한 반려견에게 제공하는 레시피.
철분 공급에 도움을 주는 비트, 소화를 돕는 흰쌀, 각종 비타민이 풍부한
양송이버섯을 활용해서 만든 특식.

재료	소형견(5kg기준)
☐ 오리고기	47g
☐ 비트	35g
☐ 양송이버섯	62g
☐ 백미	12g

Tip

비트를 가루로
사용할 때는 10g으로
줄여주세요.

**한방 재료
시너지**

하수오 0.1g 이하(한 꼬집)
하수오는 혈액 생성을 돕는 조혈 작용이 있으면서 소화에 부담이 되지 않아요.
수술 후 회복에 좋은 약재입니다.

★ 만드는 법

① 오리고기와 양송이버섯, 비트를 잘게 다진 후 완전히 익을 때까지 볶아준다.
　　＊ 시너지 tip : 재료를 볶을 때 하수오 가루 한 꼬집 추가
② 백미는 충분히 익혀서 흰쌀밥으로 만들어 준비한다.
③ 믹싱볼에 재료를 넣고 한입 크기의 주먹밥으로 만들어서 그릇에 담아낸다.

✚ Plus Point

① 양송이버섯은 질긴 식재료입니다. 때문엔 익히는 데 시간이 오래 걸려요.
② 비트는 소화가 어려울 수 있어 반드시 잘게 다져서 조리해 주세요.

셀러리

영양 성분(100g당)	탄수화물	단백질	지방	무기질	수분	요오드
열량	3.81g	1.1g	0.12g	0.97g	94g	9.58ug

열량 17kcal

맛	☑ 단맛	☐ 짠맛	☐ 신맛	☑ 쓴맛	☑ 매운맛

제철
☑ 봄 ☑ 여름
☐ 가을 ☑ 겨울

성질	☐ 차가움(寒)	☑ 서늘함(凉)	☐ 중간(平)	☐ 따뜻함(溫)	☐ 뜨거움(熱)

효능　청열·해열, 이뇨 작용, 혈액 순환, 혈압 저하, 스트레스 완화

좋은 재료 고르기

향이 진할수록 신선해요. 잎이 싱싱하고 줄기는 굵으며 둥글게 오므라진 모양이 좋은 셀러리예요.

주의사항

성질이 서늘한 채소로 몸이 차가운 반려견에게는 주의해서 주세요.

최고의 짝꿍

셀러리와 사과는 궁합이 좋다. 셀러리의 강한 향을 사과가 가려주며 식이섬유가 혈관 관리에 도움을 주기도 한다.

전문가 한마디

한의사 한마디

"스트레스로 인해 생기는 열을 식혀줘요."

셀러리는 특히 스트레스를 받아 생기는 열을 식혀주는 채소입니다. 이뇨 작용이 있어 비뇨 기계 질환에도 도움이 됩니다.

펫 영양사 한마디

"체내 유해 물질을 배출해 줘요."

셀러리는 지방과 당질의 함량이 낮은 식재료 중 하나입니다. 독특하고 강한 향을 가지고 있어서 반려견의 식성에 따라 호불호가 갈릴 수 있어요. 하지만 체내의 유해 물질을 배출하는 데 유용한 식재료이므로 셀러리의 잎을 펫푸드에 잘 배합하여 주세요.

간을 튼튼하게
토마토연어덮밥

활성 산소를 제거하고 건강한 삶을 유지하게 하는 간을 위한 특식.
영양소가 풍부한 연어, 활성 산소 억제를 돕는 토마토와
셀러리를 활용한 덮밥.

재료	소형견(5kg기준)	중형견(9kg 기준)
☐ 연어	40g	63g
☐ 토마토	55g	85g
☐ 셀러리	27g	42g
☐ 귀리	4g	7g
☐ 다시마(건조)	1g	2g
☐ 검은깨	0.3g	0.5g

Tip

생다시마를 사용할 때는 5그램으로 증량해 주세요.

한방 재료 시너지

구기자 0.1g 이하(한 꼬집)
구기자는 간세포를 보호하고 피로를 해소해 주는 약재로 체력을 회복시키는 효과도 뛰어납니다.

★ 만드는 법

① 연어는 한입 크기로 자른 후 끓는 물에 데친다.
② 귀리는 10분이 삶아서 충분히 익혀둔다.
③ 다시마는 끓는 물에 데친 후 잘게 잘라 놓는다.
④ 토마토는 살짝 데쳐 껍질을 벗겨놓는다.
⑤ 껍질을 벗긴 토마토와 셀러리는 작게 잘라서 볶아준다.
⑥ 그릇에 연어를 담는다. 그 위에 귀리, 다시마, 토마토와 셀러리를 올린 후 검은깨를 토핑.
　＊ 시너지 tip : 검은깨를 토핑할 때 구기자 가루 한 꼬집 추가

✚ Plus Point

① 귀리는 익히는 시간이 오래 걸리므로 충분히 미리 5시간 이상 불리면 좋습니다.
② 검은깨를 토핑할 때 으깨서 토핑하면 소화에 무리를 주지 않아요.

12
시금치

영양 성분(100g당)	탄수화물	단백질	지방	무기질	수분	철
열량 **23**kcal	3.8g	3.4g	0.1g	1.0g	91.7g	2.2mg

맛	☑ 단맛	☐ 짠맛	☐ 신맛	☐ 쓴맛	☐ 매운맛

성질	☐ 차가움(寒)	☑ 서늘함(凉)	☐ 중간(平)	☐ 따뜻함(溫)	☐ 뜨거움(熱)

제철
☑ 봄 ☐ 여름 ☑ 가을 ☐ 겨울

효능 청열·해열, 장 기능 강화, 진액 보충, 혈압 저하, 스트레스 완화

 좋은 재료 고르기

잎이 두껍고 녹색이 진한 것이 신선해요. 또한 상처가 많지 않으며 줄기가 짧은 것을 선택하는 것을 추천해요.

 주의사항

과다하게 먹으면 결석이나 칼슘 과다로 인한 석회 침착 등 부작용이 생길 수 있어요. 섭취량을 조절해야 합니다.

 최고의 짝궁

시금치와 멸치는 모두 칼슘이 풍부해요. 이 두 가지를 함께 조리할 때 자칫 잘못하면 칼슘을 과다 섭취하게 하여 고칼슘혈증을 나타낼 수 있으므로 주의가 필요해요.

전문가 한마디

한의사 한마디

"출혈을 방지해 줘요."

시금치는 열이 과해서 생기는 출혈 증상을 방지해 주는 음식이에요. 자주 눈이 충혈되거나 눈질환이 생겼을 때도 좋습니다. 장 기능을 강화해 주는 데 도움이 되는 음식입니다. 변이 묽을 때, 신장염이나 결석이 있을 때는 절대로 주지 마세요.

펫 영양사 한마디

"칼슘과 철분이 풍부해요."

시금치는 칼슘과 철분이 풍부한 재료예요. 철분은 혈액 관리에 도움을 주지요. 혈액생성에 필수적인 영양소이며 빈혈 관리에도 도움이 된답니다.

생리 중인 암컷을 위한
소고기시금치볼

철분의 공급이 필요한 생리 중인 암컷 강아지를 위한 식단.
소화를 돕는 바나나와 철분이 풍부한 소고기를 활용한 레시피.

재료	소형견(5kg기준)
☐ 소홍두깨살	16g
☐ 시금치	87g
☐ 바나나	11g

Tip

결석 질환이 있는
반려견에게는 시금치
대신 상추를 넣으세요.

한방 재료 시너지

작약 0.1g 이하(한 꼬집)
작약은 근육을 이완하고 혈액 순환을 촉진하는 약재. 생리 중 자궁 근육의 긴장을
풀어 생리통에 좋습니다. 출혈로 생기는 국소 허혈 증상을 예방해 줄 수 있어요.

★ 만드는 법

① 소홍두깨살과 시금치를 잘게 다친 후에 완전히 익을 때까지 데칩니다.
　　＊ 시너지 tip : 소홍두깨살과 시금치를 데칠 때 작약 가루 한 꼬집 추가
② 바나나를 으깨거나 잘게 썰어 놓는다.
③ 데친 재료에 으깬 바나나를 넣어 한입 크기의 공을 만들어 준다. 혹은 공을 만든 후에
　 잘게 썬 바나나를 위에 토핑한다.

✚ Plus Point

① 바나나는 제시한 양보다 조금 더 넣어도 괜찮습니다.

채소류

13
아스파라거스

영양 성분(100g당)	탄수화물	단백질	지방	무기질	수분	비타민C
열량 **23**kcal	4.2g	3.1g	0.1g	0.6g	92g	59mg

맛	☑ 단맛	☐ 짠맛	☐ 신맛	☑ 쓴맛	☐ 매운맛

제철	성질	☐ 차가움(寒)	☑ 서늘함(凉)	☐ 중간(平)	☐ 따뜻함(溫)	☐ 뜨거움(熱)

☑ 봄 ☐ 여름 ☐ 가을 ☐ 겨울	효능	청열·해열, 노폐물 제거, 이뇨 작용, 피로 회복, 항암 효과, 진액 보충, 노화 방지

 좋은 재료 고르기

기본적으로 녹색을 선명하게 띠고 있는 것이 좋다. 봉오리 끝부분은 단단한 것이 좋다.

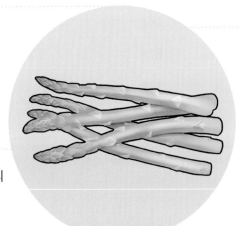

 주의사항

몸이 차갑거나 당뇨가 있다면 피하는 것이 좋다.

 최고의 짝꿍

아스파라거스의 아스파라긴산과 토마토의 유기산은 궁합이 좋다. 소화를 잘할 수 있도록 서로 도움을 준다.

전문가 한마디

한의사 한마디
"피로 회복과 항암 효과가 있어요."

아스파라거스는 불필요한 열을 진정시키면서 건조 증상을 해소하는 좋은 식품입니다. 피로 회복과 항암 효과도 있습니다.

펫 영양사 한마디
"단백질 합성에 도움이 돼요."

아스파라거스는 비타민C가 풍부해서 면역력을 높여줘요. 아스파라긴산은 알파 아미노산의 한 종류예요. 단백질을 주식으로 하는 반려견에게는 체내 단백질 합성에 도움을 줄 수 있습니다.

근육을 튼튼하게
닭가슴살고구마그라탕

단백질의 합성에 도움을 주는 특식 레시피.
근육 강화에 도움이 되는 닭가슴살과 달콤한 맛으로 반려견이 좋아하는
고구마, 고급 발효 재료 낫토를 활용한 음식이에요.

재료	소형견(5kg기준)	야외 활동이 잦은 소형견(5kg 기준)
☐ 닭가슴살	43g	47g
☐ 고구마	165g	180g
☐ 아스파라거스	32g	35g
☐ 낫토	9g	10g

Tip

평소 고구마를
많이 먹는 반려견은
감자로 대체해 보세요.

한방 재료 시너지

오가피 0.1g 이하(한 꼬집)
오가피는 근육과 뼈를 튼튼하게 하고 기력을 돋구는 재료에요. 관절이 안 좋은 노령견에게 도움이 될 수 있어요.

★ 만드는 법

① 닭가슴살과 아스파라거스를 한입 크기로 자른다.
② 고구마는 익힌 후 곱게 으깨서 오븐용 식기에 담아 준비한다.
  ＊시너지 tip : 고구마를 으깰 때 오가피 가루를 추가한다.
③ 준비한 오븐 용기에 닭가슴살과 아스파라거스, 낫토를 토핑으로 담는다.
④ 오븐에 약 180도로 10분에서 15분가량 익히면 완성.

✚ Plus Point

① 낫토는 고유의 향이 강해 반려견이 거부할 수 있기 때문에 향이 조금 없어지면 주세요.
② 오븐에 따라서 온도는 달라질 수 있으므로 중간에 음식이 익는 정도를 확인해 주세요.

채소류

14
양배추

영양 성분(100g당)	탄수화물	단백질	지방	무기질	수분	불용성 식이섬유
열량 **32**kcal	7.56g	1.7g	0.12g	0.61g	90g	1.6mg

맛	☑ 단맛	☐ 짠맛	☐ 신맛	☐ 쓴맛	☐ 매운맛

제철	성질	☐ 차가움(寒)	☐ 서늘함(凉)	☑ 중간(平)	☐ 따뜻함(溫)	☐ 뜨거움(熱)

☑ 봄 ☑ 여름
☐ 가을 ☐ 겨울

효능 위장 기능 강화, 소화 촉진, 체력 증강, 피부 보호, 노화 방지

 좋은 재료 고르기

전체적인 모양이 둥글고 무게가 묵직한 것을 고르세요. 봄 양배추는 겨울 양배추에 비해 단단함이 다소 떨어질 수 있어요.

최고의 짝궁

양배추와 당근을 혼합해 조리해 보세요. 양배추에 들어있는 비타민U와 당근의 베타카로틴이 위장 활동에 도움을 줍니다.

⚠ **주의사항**

반려견은 생으로 섭취하면 가스 발생으로 복부팽만을 유발할 수 있으니 충분히 익혀서 주는 것이 좋습니다.

전문가 한마디

한의사 한마디

"성질이 평이해 무난하게 먹을 수 있어요."

양배추는 위장을 보호하는 효과가 좋은 식재료입니다. 염증을 진정시키기도 해서 위장관 궤양에 도움이 되며, 체력 보강과 노화 방지에도 좋습니다. 성질이 평이해 큰 주의점 없이 무난하게 먹을 수 있지요.

펫 영양사 한마디

"단백질 합성에 도움이 돼요."

양배추는 소화와 위장 건강에 도움을 줍니다. 특히 양배추의 불용성 식이섬유는 물에 녹지 않아서 포만감을 유지하고 원활한 배변 활동을 할 수 있도록 도움을 줍니다. 하지만 반려견은 불용성 식이섬유를 다량으로 섭취하면 가스가 발생하므로 복부팽만을 유발할 수 있으니 주의해야 합니다.

췌장 관리
Recipe

췌장염이 있을 때는
명태순살미음

췌장염이 있을 때 식이 관리법을 적용한 특식.
소화에 부담이 적은 명태순살과 양배추 등을 활용한 레시피.

재료	소형견(5kg기준)	9세 이상 노령견(5kg 기준)
☐ 명태순살	50g	45g
☐ 감자	35g	31g
☐ 토마토	27g	24g
☐ 양배추	14g	12g

Tip

명태순살이 없을 때
대구순살을
사용하세요.

 **한방 재료**
시너지

청피 0.1g 이하(한 꼬집)
청피는 덜 익은 귤의 껍질을 말합니다. 혈중 지질 농도를 떨어뜨려서 췌장 기능을
보호하는 데 도움이 됩니다. 순환을 돕고 통증을 진정시키는 데에도 도움 돼요.

⭐ **만드는 법**

① 명태순살을 끓는 물에 데쳐서 염분을 제거하여 준비해 둔다.
② 감자와 양배추는 한입 크기로 잘라서 삶는다.
③ 토마토는 살짝 데쳐서 껍질을 벗기고 한입 크기로 잘라 놓는다.
④ 데친 명태살과 삶은 감자 그리고 양배추를 물 20ml와 함께 섞는다. 이때 명태살을 잘 풀어준다. ✳
시너지 tip : 명태순살을 풀어줄 때 청피 가루 한 꼬집 추가
⑤ 그릇에 4를 담고 토마토를 올려준다.

➕ **Plus Point**

① 명태순살에 간혹 가시가 남아있을 수 있으니 꼭 확인하고서 조리를 해주세요.

채소류

15
연근

영양 성분(100g당)	탄수화물	단백질	지방	무기질	수분	망간
열량 **62**kcal	14.41g	1.07g	0.08g	0.44g	84g	0.99mg

맛	■ 단맛	□ 짠맛	□ 신맛	□ 쓴맛	□ 매운맛

제철	성질	■ 차가움(寒)	□ 서늘함(凉)	□ 중간(平)	□ 따뜻함(溫)	□ 뜨거움(熱)

제철 ■ 봄 □ 여름 ■ 가을 ■ 겨울

효능 청열·해열, 진액 생성, 스트레스 완화, 어혈 제거, 소화 촉진, 지혈

 좋은 재료 고르기

둥근 모양을 유지하면서 상처가 없는 연근을 고르는 것이 좋다.

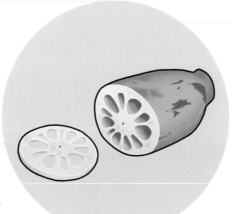

최고의 짝꿍

연근과 사과를 함께 사용하여 조리하면 영양소의 흡수를 서로 도와준다.

⚠ **주의사항**

손질된 연근을 구매할 때는 변색을 막기 위해 염분 처리된 것이 있을 수 있으므로 점검 후 구매하는 것이 좋다.

전문가 한마디

한의사 한마디

"스트레스로 생긴 열을 제거해 주어요."

연근은 스트레스로 생긴 열을 제거해 주고 마음을 편안하게 해주는 식재료입니다. 익혀서 주면 소화도 잘 시킵니다. 생으로 먹을 때는 지혈 효과도 있어 혈뇨 등 여러 출혈 증상이 있을 때 도움이 될 수 있습니다.

펫 영양사 한마디

"단백질 합성에 도움이 돼요."

연근은 겨울이 제철인 식재료예요. 연근에 포함된 망간은 반려견의 뼈의 생성과 재생에 도움을 줍니다. 망간은 반려견에게 다량으로 필요한 미네랄은 아니지만 일정한 양을 필요로 하므로 음식으로 제공을 해주면 건강 관리에 도움이 된답니다.

16
오이

영양 성분(100g당)	탄수화물	단백질	지방	무기질	수분	칼륨
열량 **13**kcal	2.81g	1.15g	0.03g	0.41g	95.6g	196mg
맛	☑ 단맛	☐ 짠맛	☐ 신맛	☐ 쓴맛	☐ 매운맛	
성질	☐ 차가움(寒)	☑ 서늘함(凉)	☐ 중간(平)	☐ 따뜻함(溫)	☐ 뜨거움(熱)	

제철
☑ 봄 ☑ 여름
☐ 가을 ☐ 겨울

효능 청열 · 해열, 이뇨 작용, 진액 보충, 갈증 해소, 피부 보호

 좋은 재료 고르기

오이는 만졌을 때 단단할수록 신선하다고 볼 수 있어요. 또한 겉면이 뾰족할수록 신선한 오이라고 알려졌지만, 뾰족한 가시가 없는 품종의 오이도 있습니다.

⚠ 주의사항

칼륨의 수치가 높아서 주의가 필요합니다. 속이 냉하거나 설사할 때는 피하는 것이 좋습니다.

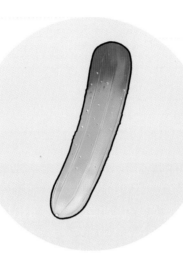

최고의 짝꿍

칼륨이 풍부한 오이와 닭고기를 함께 사용하면 혈압 관리가 필요한 반려견에게 도움이 될 수 있어요.

전문가 한마디

한의사 한마디

"수분 보충을 해줄 수 있어요."

여름철 더위로 지친 몸을 식히고 부족한 수분을 보충해 주는 효과가 있습니다. 성질이 서늘하여 햇빛이나 열에 상한 피부를 진정시켜 주기도 합니다.

펫 영양사 한마디

"수분과 칼륨 보충에 탁월해요."

오이는 반려견의 수분 보충과 이뇨 작용에 도움을 줍니다. 전체적인 영양가는 적은 편에 속합니다.

비뇨기에 도움을 주는
닭안심오이쉐이크

신장은 노폐물을 배출하고 영양소를 재합성하는 주요 장기로
평소에 관리해야 합니다. 신장에 부담이 적은 부드러운 닭안심과
요로계의 건강에 도움을 주는 크랜베리를 활용한 특식.

재료	소형견(5kg기준)
☐ 닭안심	42g
☐ 오이	100g
☐ 백미	12g
☐ 크렌베리	10g

Tip

구토가 심한 반려견에
게는 크랜베리를 빼고
조리해 주세요.

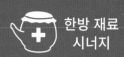 한방 재료
시너지

산수유 0.1g 이하(한 꼬집)
산수유는 신장 기능을 돕는 효과가 뛰어납니다. 기력을 끌어올려 주기도 해서
체력이 떨어진 반려견에게도 좋습니다.

★ 만드는 법

① 닭안심을 한입 크기로 자르고 삶아서 완전히 익혀둔다.
　　＊ 시너지 tip : 닭안심을 삶는 물에 산수유 가루 한 꼬집 추가
② 오이는 껍질을 벗기고 강판에 갈아 놓는다.
③ 백미는 충분히 익힌 다음 크랜베리와 함께 섞어준다.
④ 그릇에 삶은 닭안심을 담고 갈아 놓은 오이를 올린다.
⑤ 4위에 3을 토핑한다.

➕ Plus Point

① 오이씨는 향이 강하니 제거하는 것이 더 좋습니다.

17
청경채

영양 성분(100g당)	탄수화물	단백질	지방	무기질	수분	엽산
열량	1.81g	1.6g	0.13g	0.86g	95.6g	107ug

열량	맛	☐ 단맛	☐ 짠맛	☐ 신맛	☐ 쓴맛	☐ 매운맛
11kcal						

제철	성질	☑ 차가움(寒)	☐ 서늘함(涼)	☐ 중간(平)	☐ 따뜻함(溫)	☐ 뜨거움(熱)
☑ 봄 ☑ 여름 ☐ 가을 ☑ 겨울	효능	기혈 순환 촉진, 소화 촉진, 변비 완화, 이뇨 작용				

 좋은 재료 고르기

녹색이 진하고 선명한 청경채를 구매해야 합니다. 줄기는 굵으면서 잎이 넓은 것이 좋습니다.

 주의사항

냉한 체질이나 신장 질환이 있을 때 주의해서 주어야 합니다.

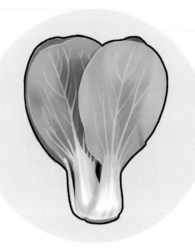

최고의 짝꿍

청경채의 비타민C와 무기질, 닭가슴살의 동물성 단백질의 혼합하면 영양가가 높아집니다.

전문가 한마디

한의사 한마디

"이뇨 작용을 촉진해 주어요."

청경채는 기혈 순환을 촉진하는데 특히 하기(下氣), 즉 허리의 아래쪽 순환을 도와주는 효능이 좋습니다. 소화가 잘되도록 하고 변비 해소, 이뇨 작용의 효과도 있습니다.

펫 영양사 한마디

"다양한 미네랄을 풍부하게 함유하고 있어요."

청경채는 엽산을 비롯하여 다양한 미네랄을 함유하고 있습니다. 따라서 반려견에게 잘 익혀 제공하면 훌륭한 영양공급원이 될 수 있습니다. 특히 엽산은 혈액 순환에 도움을 주지요. 하지만 미네랄의 영향을 많이 받는 신장 질환의 반려견에게는 오히려 역효과가 날 수 있으니 주의하세요.

65

채소류

18
케일

영양 성분(100g당)	탄수화물	단백질	지방	무기질	수분	베타카로틴
열량 **27**kcal	4.1g	3.5g	0.4g	2.3g	89.7g	4407ug

맛	☑ 단맛	☐ 짠맛	☐ 신맛	☑ 쓴맛	☐ 매운맛

제철
☐ 봄　☑ 여름
☐ 가을　☐ 겨울

성질	☐ 차가움(寒)	☑ 서늘함(凉)	☐ 중간(平)	☐ 따뜻함(溫)	☐ 뜨거움(熱)

효능　항산화, 눈 건강, 혈압 저하, 혈당 조절, 노화 방지

 좋은 재료 고르기

진한 녹색을 띠고 잎에 반점이 없는 것이 신선하다. 크기가 다양한 것이 특징이지만 반려견에게는 중간 크기의 케일을 사용하도록 하자.

 주의사항

성질이 서늘하므로 설사할 때는 피하는 것이 좋아요.

♥ 최고의 짝꿍

케일은 다양한 영양소를 풍부하게 갖은 식재료지만 고유의 쓴맛은 호불호를 갖게 합니다. 사과와 함께 사용하면 단맛이 상승하여 누구나 쉽게 먹을 수 있게 됩니다.

전문가 한마디

한의사 한마디

"항산화 효과가 뛰어나요."

케일은 베타카로틴 함량이 많아 항산화 효과가 매우 뛰어납니다. 혈압을 떨어뜨리고 콜레스테롤 수치 및 혈당을 떨어뜨리는 효과도 갖고 있습니다. 다만 성질이 다소 서늘한 편이라 설사 중이거나 속이 냉한 경우 주의가 필요합니다.

펫 영양사 한마디

"베타카로틴과 칼슘이 풍부해요."

케일은 베타카로틴이 풍부한 식재료다. 반려견이 먹는 천연 식재료는 보통 칼슘보다 인의 함유량이 많은데 케일은 칼슘의 함량이 더 많다는 특징을 가지고 있다. 케일은 충분히 가열해도 아삭한 식감을 유지해 반려견이 좋아할 수 있습니다.

채소류

19

콩나물

영양 성분(100g당)	탄수화물	단백질	지방	무기질	수분	비타민 K
열량 **33**kcal	2.55g	4.52g	1.51g	0.42g	91g	92.9ug

맛	■ 단맛	□ 짠맛	□ 신맛	□ 쓴맛	□ 매운맛

성질	□ 차가움(寒)	□ 서늘함(凉)	■ 중간(平)	□ 따뜻함(溫)	□ 뜨거움(熱)

제철
■ 봄   □ 여름
□ 가을   □ 겨울

효능   노폐물 제거, 수분 대사 촉진, 이뇨 작용, 감기 예방 및 진정

 좋은 재료 고르기

콩나물은 뿌리가 투명할수록 신선하다. 줄기는 굵고 윤기가 있는 것이 좋다.

 주의사항

콩나물은 성질이 평이해 무난하게 먹을 수 있는 식재료입니다. 다만 꼭 익혀서 제공해 주어야 합니다. 머리 부분은 가능하면 제거하고 줄기만 주는 것이 좋습니다.

최고의 짝꿍

콩나물은 비타민B군의 흡수를 돕는 데 도움을 준다. 그래서 콩나물을 돼지고기와 함께 조리하면 영양이 풍부한 음식을 만들 수 있다.

전문가 한마디

한의사 한마디

"대사를 촉진해 주어요."

콩나물은 수분 대사를 촉진해 노폐물을 제거해주는 효과가 있다. 체액 순환이 되지 않아 생기는 부종, 소화불량 증상을 개선합니다. 감기에 효과가 좋은 음식이기도 합니다. 성질도 평이해 누구나 무난하게 먹을 수 있는 식재료입니다.

펫 영양사 한마디

"다이어트에 도움을 줘요."

콩나물은 수분이 풍부하여 쉽게 포만감을 느끼게 해 비만이나 다이어트가 필요한 반려견에게 사용하면 좋은 식재료입니다. 비타민K도 풍부해 혈액 응고, 출혈 등에 유용하게 작용하고 필수 비타민을 보강해 줄 때 활용하면 유용해요.

20
토마토

영양 성분(100g당)	탄수화물	단백질	지방	무기질	수분	비오틴
열량 **17**kcal	4.06g	0.7g	0.14g	0.7g	94.4g	2.65ug

맛	☑ 단맛	☐ 짠맛	☑ 신맛	☐ 쓴맛	☐ 매운맛

제철	성질	☐ 차가움(寒)	☑ 서늘함(凉)	☐ 중간(平)	☐ 따뜻함(溫)	☐ 뜨거움(熱)

제철
☐ 봄 ☑ 여름
☑ 가을 ☐ 겨울

효능 진액 생성, 소화 촉진, 간 기능 보강, 혈압 강하, 노화 방지

좋은 재료 고르기

토마토는 둥근 모양을 잘 유지하고 있는 것이 좋다. 일반 토마토는 들었을 때 묵직한 것이 신선한 토마토이다. 방울토마토는 꼭지가 상태가 좋고 과육은 탱글탱글한 느낌이 드는 것이 좋다.

최고의 짝꿍

토마토에 풍부한 비타민C와 양질의 단백질이 풍부한 소고기를 혼합하면 반려견의 피부를 튼튼하게 관리하는데 도움이 된다.

주의사항

익혀서 제공하면 영양소 흡수율이 높아지는 특징이 있습니다. 반려견에게 방울토마토를 줄 때는 일반 방울토마토를 주는 것이 좋습니다.

전문가 한마디

한의사 한마디
"건강 회복에 좋아요."

토마토는 과한 열을 진정시킴으로써 진액 생성을 돕습니다. 한의학적으로 간 기능을 도와주는 식재료입니다. 여름철 건강 회복이나 눈 질환에도 좋습니다. 성질이 약간 서늘하므로 위장이 약한 경우에는 익혀서 먹는 편이 좋습니다.

펫 영양사 한마디
"편하게 먹을 수 있어요."

토마토는 어떤 방식으로 제공해도 크게 부담이 없는 식재료예요. 익히거나 볶거나, 생으로 먹어도 좋아요. 토마토는 세포를 보호하는 효과가 있고 체내 축적될 수 있는 중금속을 체외로 배출하는 데에도 도움이 된답니다.

포만감 가득한 저칼로리 음식

아귀토마토스튜

비만은 만병의 근원! 저칼로리 다이어트 레시피로 포만감을 주면서
적정한 체중을 유지하는 데 도움을 줄 수 있는 특식.

재료	소형견(5kg기준)	9세 이상 노령견(5kg 기준)
☐ 아귀순살	87g	78g
☐ 토마토	82g	73g
☐ 검은목이버섯	71g	63g
☐ 감자	23g	20g

Tip

노령견 등 소화력이 저하된 반려견에게는 목이버섯 대신 팽이버섯으로 조리하세요.

한방 재료 시너지

의이인 0.1g 이하(한 꼬집)
의이인(율무)은 노폐물과 부기를 제거해 체중 감량에 많이 쓰입니다. 포만감도 있어 식단 조절에 매우 적합한 재료입니다.

★ 만드는 법

① 아귀순살을 끓여 염분을 한 차례 제거하고 한입 크기로 잘라 놓는다.
② 토마토는 끓는 물에 데쳐 껍질을 벗긴다.
③ 감자와 데친 토마토를 믹서로 각각 갈아 놓는다.
④ 검은목이버섯은 잘게 다진다.
⑤ 냄비에 갈은 감자와 토마토, 삶은 아귀순살, 다진 목이버섯을 넣고 걸쭉하게 끓인다.
  ＊시너지 tip : 냄비에 재료를 끓일 때 의이인(율무) 가루를 추가

✛ Plus Point

① 검은목이버섯은 반드시 잘게 다지고 충분히 가열하여 익히세요.
② 감자는 익히는 시간이 오래 걸리는 재료로 충분한 가열이 필요해요.
  식감이 부드러워질 때까지 익혀야 해요.

21
파프리카

영양 성분(100g당)	탄수화물	단백질	지방	무기질	수분	비타민 C
열량 **24kcal**	5.95g	0.77g	0.12g	0.46g	92.7g	110.6mg

맛	■ 단맛	□ 짠맛	□ 신맛	□ 쓴맛	■ 매운맛

제철 5월 ~ 7월

성질	□ 차가움(寒)	□ 서늘함(凉)	□ 중간(平)	■ 따뜻함(溫)	□ 뜨거움(熱)

효능 혈액 순환 촉진, 항산화, 노화 방지

 좋은 재료 고르기

다양한 색을 가지고 있는 파프리카는 고유의 매운맛을 가지고 있어요. 매운맛이 가장 적은 노란색을 고르는 것이 좋겠습니다. 그리고 과육이 단단한 것을 고르세요.

⚠️ **주의사항**

가열해서 주어도 좋고 생으로도 급여가 가능해요. 다만 생으로 주었을 때 변에 그대로 나온다면 익혀서 제공하는 것이 좋아요.

💕 **최고의 짝꿍**

올리브유와 함께 조리해서 주면 비타민A의 흡수를 높이는데 도움이 돼요.

전문가 한마디

한의사 한마디

"노화를 방지해요."

파프리카는 성질이 다소 따뜻한 채소예요. 혈액 순환을 돕고 베타카로틴이나 리코펜 등으로 활성산소를 제거하여 노화를 방지하는 효능도 있습니다. 열성 혹은 염증성 질환이 회복된 직후에는 많이 먹지 않도록 주의합니다.

펫 영양사 한마디

"다이어트에 도움을 줘요."

파프리카는 비타민C가 매우 풍부해서 반려견의 면역력을 올리는 데 도움이 돼요. 수분이 풍부하여 포만감에도 도움을 줄 수 있어요.

체중 조절
Recipe

체중 감량을 돕는
양고기야채덮밥

양질의 지방을 공급하면서 체중 감량을 돕는 양고기와
중성 지방 분해에 도움을 주는 파프리카로 만든 다이어트용 특식.

재료	소형견(5kg기준)	중형견(9kg 기준)
☐ 양고기	25g	38g
☐ 노란파프리카	18g	29g
☐ 빨간파프리카	6g	10g
☐ 무	62g	96g
☐ 상추	25g	40g
☐ 쌀가루	5g	7g

Tip

쌀가루에 알레르기가 있는 반려견은 오트밀로 대체해 주세요.

**한방 재료
시너지**

강황 0.1g 이하(한 꼬집)
강황은 지방 대사에 영향을 미쳐 체지방 감소에 도움이 됩니다. 노폐물을 제거하는 효능도 있어 다이어트 식단에 적합하지요.

★ 만드는 법

① 양고기는 약한 불로 익을 때까지 볶아준다.
   ＊시너지 tip : 양고기를 볶을 때 강황 가루를 추가
② 무는 갈아서 준비하고 노란 파프리카와 빨간 파프리카는 잘게 잘라 준비해 둔다.
③ 냄비에 갈아 놓은 무, 노란 파프리카와 빨간 파프리카, 쌀가루를 넣고 졸인다.
④ 그릇에 볶은 양고기를 담고 졸여둔 재료를 올려준다.
⑤ 상추는 잘게 썰어서 토핑.

➕ Plus Point

① 양고기는 주로 분쇄육으로 구매가 가능하므로 따로 잘라서 손질하지 않을 수 있습니다.
② 빨간 파프리카가 노란 파프리카보다 매운 경우가 많으니 차가운 물에 10분 정도 담근 후 사용하면 좋습니다.

71

채소류

22
파슬리

영양 성분(100g당)	탄수화물	단백질	지방	무기질	수분	비타민 B3
열량 **36**kcal	6.8g	3.2g	0.5g	1.9g	87.6g	1.4mg

맛	■ 단맛	□ 짠맛	□ 신맛	□ 쓴맛	■ 매운맛

제철
■ 봄 ■ 여름
■ 가을 ■ 겨울

성질	□ 차가움(寒)	■ 서늘함(凉)	□ 중간(平)	□ 따뜻함(溫)	□ 뜨거움(熱)

효능	청열·해열, 이뇨 작용, 지혈, 노화 방지

 좋은 재료 고르기

잎이 곱슬하고 노란빛이 없는 것을 고르는 것이 좋다. 줄기는 탄력이 있는 것이 좋다. 원재료를 구하기 어렵다면 파슬리 가루를 주어도 된다.

 주의사항

허브류로 분류하는 식재료로 약용 효과가 있어요. 절대로 많은 양을 주어서는 안 되니 주의가 필요해요.

 최고의 짝꿍

파슬리와 상추를 함께 먹이면 눈 건강을 유지하는데 좋은 조합이 될 수 있다. 반려견의 채소퓌레를 만들 때 혼합하면 좋다.

전문가 한마디

한의사 한마디

"노화 방지에 좋아요."

파슬리는 대표적인 향신료 중 하나입니다. 열을 식혀주고 항산화 효과가 뛰어난 베타카로틴 함량이 높아 노화 방지에도 좋은 식재료지요. 자궁 수축 작용을 할 수 있어 임신 중인 반려견에게는 제공하지 않는 것이 좋습니다.

펫 영양사 한마디

"가루 형태로 주어도 좋아요."

파슬리는 펫푸드에서 많이 활용되는 식재료예요. 비타민이 풍부해서 눈 건강에 좋은 채소입니다. 원재료 자체를 주어도 좋지만, 가루 형태의 파슬리를 다른 음식에 뿌려주어도 좋아요. 가루 형태로 급여를 할 때는 다양한 음식과 함께 같이 먹을 수 있다는 장점이 있어요. 건조된 파슬리 가루는 보통의 파슬리 가루보다 조금만 주어야해요.

23
단호박

영양 성분(100g당)	탄수화물	단백질	지방	무기질	수분	비타민 C
열량 **30**kcal	6.9g	1.7g	0.1g	1.0g	90.3g	7077ug

맛	☑ 단맛	☐ 짠맛	☐ 신맛	☐ 쓴맛	☐ 매운맛

제철
☐ 봄   ☐ 여름
☑ 가을   ☐ 겨울

성질	☐ 차가움(寒)	☐ 서늘함(凉)	☐ 중간(平)	☑ 따뜻함(溫)	☐ 뜨거움(熱)

효능   체력 보강, 소화 기능 강화, 부기 제거, 위장 강화

좋은 재료 고르기

무게가 묵직한 것이 신선한 단호박이에요. 육질 부분의 노란색이 진한 것이 풍미가 풍부합니다. 육질과 껍질 모두 사용할 수 있으며 씨는 제거해 주세요.

⚠ 주의사항

단호박에는 베타카로틴이 매우 높아 비타민A 전환율이 높아서 적정량 먹여야 합니다. 비타민A는 결핍도 문제가 될 수 있지만 과다도 문제가 될 수 있거든요.

최고의 짝궁

단호박과 닭고기를 같이 먹이면 면역력 향상에 도움이 돼요.

전문가 한마디

한의사 한마디

"부종을 빼주는 효능이 있어요."

단호박은 위장 기능을 강화해 소화를 도와주며, 기력을 북돋습니다. 부종을 빼주는 효능도 있지요. 배에 가스가 차는 경우 피하는 것이 좋겠습니다.

펫 영양사 한마디

"가루 형태로 주어도 좋아요."

단호박은 반려견이라면 모두 좋아하는 식재료 중의 하나예요. 단호박은 단백질의 흡수를 도와주는 역할도 해요. 기력 회복이 필요한 반려견에게 단백질 음식과 단호박을 같이 조리해주면 영양학적으로 좋습니다.

식욕부진을 보일 때는
단호박가자미말이

갑자기 반려견이 식욕부진을 보이면 식욕 증진을 돕는 가자미와
사과를 활용한 특식을 제공해 보는 것도 좋습니다.

재료	소형견(5kg기준)	9세 이상 노령견(5kg 기준)
☐ 가자미순살	43g	38g
☐ 단호박	62g	55g
☐ 사과	25g	22g
☐ 양배추	14g	12g

Tip

가자미순살이 없다면
대구순살로 대체해 보
세요.

 한방 재료
시너지

오매 0.1g 이하(한 꼬집)
오매는 한방에서 '훈증하여 말린 매실'을 말합니다. 소화를 돕고 위장 기능을 촉
진해서 입맛이 떨어지고 소화가 잘되지 않을 때 좋습니다. 무더운 여름 식욕이 없
고 힘이 없을 때 잘 맞는 약재에요.

★ 만드는 법

① 가자미순살은 얇게 슬라이스한 후 끓는 물에 삶아 완전히 익혀서 준비해 놓는다.
   ＊ 시너지 tip : 가자미순살을 삶는 물에 오매 가루를 한 꼬집 추가
② 단호박을 얇게 자른 후 부드러워질 때까지 삶는다.
③ 삶은 단호박를 가자미순살로 말아준다.
④ 사과와 양배추는 삶아서 익힌 후에 믹서로 함께 갈아서 소스로 만든다.
⑤ 그릇에 3을 담은 후 사과와 양배추 소스를 올려준다.

➕ Plus Point

① 양배추는 완전히 익을 때까지 찌거나 삶는 시간이 필요해요. 익은 양배추는 투명해져요.
② 평소에 즐겨 먹는 과일이 있다면 1가지 정도 추가해서 소스를 만들어도 좋아요.

채소류

24
상추

영양 성분(100g당)	탄수화물	단백질	지방	무기질	수분	베타카로틴
열량 **10**kcal	2.1g	0.6g	0.1g	0.5g	96.7g	1148ug
맛	☑ 단맛	☐ 짠맛	☐ 신맛	☑ 쓴맛	☐ 매운맛	
성질	☐ 차가움(寒)	☑ 서늘함(凉)	☐ 중간(平)	☐ 따뜻함(溫)	☐ 뜨거움(熱)	
효능	청열 · 해열, 이뇨 작용					

제철
☑ 봄　☑ 여름
☑ 가을　☑ 겨울

 ### 좋은 재료 고르기

반려견에게 주는 상추는 잎이 연하고 보들보들한 것을 선택한다. 적상추보다는 청상추를 제공하는 편이 좋고 로메인상추도 무난하다.

⚠️ 주의사항

상추는 서늘한 성질의 음식이라 속이 냉한 경우에는 먹이로 많은 양을 주면 안 돼요.

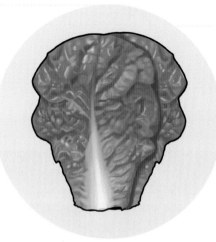

💛 최고의 짝꿍

강아지의 주식인 육류와 상추를 같이 주면 상추가 육류의 산성을 중화해준다.

전문가 한마디

한의사 한마디

"이뇨 작용을 도와줘요."

상추는 이뇨 작용을 도와준다. 염증을 진정시키는 효능도 있어 유선염 초기에 염증을 진정시키는 효과도 있다.

펫 영양사 한마디

"생식도 가능해요."

상추는 알칼리성 식재료예요. 칼로리가 매우 낮아서 반려견이 부담 없이 먹기도 좋아요. 수분을 많은 식재료라서 음수량이 적은 반려견의 간식으로도 제격입니다. 상추는 조리를 해도 좋고 생식으로 제공해도 무리 없는 식재료입니다.

음식으로 다스리는 영양 레시피
연어구이야채샐러드

오메가3를 식재료로 공급하여 염증 완화, 기력 회복, 피부 건강, 면역력
등에 도움을 주고 수분이 풍부한 재료를 활용하여
전반적인 영양 강화에 도움을 줍니다.

재료	소형견(5kg기준)
☐ 연어	40g
☐ 상추	25g
☐ 새싹 채소	21g
☐ 올리브유	3g

Tip

오트밀이 없는 경우
백미 밥으로 변경해도
좋아요.

한방 재료 시너지

영지 0.1g 이하(한 꼬집)
영지는 흔히 영지버섯이라 부르는데요. 심신을 안정시키고 기력을 보충해서 면역력과 신경계 안정에 도움을 줄 수 있습니다.

★ 만드는 법

① 연어를 끓는 물에 약 10분 정도 삶아낸다.
② 팬에 올리브유를 두르고 약불로 연어를 노릇노릇 구워낸다.
③ 상추와 새싹 채소를 깨끗하게 씻고 잘게 다져준다.
④ 구운 연어와 채소를 섞은 후 그릇에 담고 올리브유를 추가한다.

➕ Plus Point

① 건멸치는 나트륨 함량이 높아서 끓여내는 과정이 꼭 필요해요.

생선류

25
갈치

영양 성분(100g당)	탄수화물	단백질	지방	무기질	수분	비타민B1
열량	0.1g	18.5g	7.5g	1.2g	72.7g	0.13mg

147kcal

맛	☑ 단맛	☑ 짠맛	☐ 신맛	☐ 쓴맛	☐ 매운맛

제철

7월 ~ 10월

성질	☐ 차가움(寒)	☐ 서늘함(凉)	☐ 중간(平)	☑ 약간 따뜻함(溫)	☐ 뜨거움(熱)

효능　체력 증강, 진액 보충, 혈액 순환

좋은 재료 고르기

갈치는 윤기가 흐르고 은빛이 진한 것이 좋다. 손질이 완료된 갈치를 구매할 때는 겉면에 상처가 없고 깨끗한 것을 구매한다.

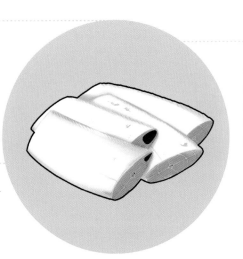

주의사항

알레르기 반응을 보일 수 있어 주의가 필요하다.

최고의 짝꿍

갈치의 단백질은 세포 생성에 도움을 주고 당근의 베타카로틴은 항산화 작용을 도와 면역력 향상에 좋은 조합이다.

전문가 한마디

한의사 한마디

"혈관 건강을 지켜줘요."

갈치는 체력을 보강해 주는 식재료로 식욕이 없거나 기력이 떨어졌을 때 잘 맞습니다. 불포화지방산이 많아 혈관 건강에도 좋습니다.

펫 영양사 한마디

"비타민B1과 타우린이 풍부해요."

갈치는 비타민B1과 타우린이 풍부해요. 비타민B1은 수용성 비타민으로 에너지 생성을 보조하는 영양소인데요. 반려견의 건강 관리에 큰 도움이 되지요. 갈치는 식감이 매우 부드러워 노령의 반려견이나 어린 반려견에게도 먹이로 주기가 매우 좋습니다.

영양 성분(100g당)	탄수화물	단백질	지방	무기질	수분	비타민 B12
열량	0.3g	18.7g	22.6g	1.0g	57.4g	0.48ug

309kcal

맛	■ 단맛	■ 짠맛	□ 신맛	□ 쓴맛	□ 매운맛

제철

9월 ~ 11월

성질	□ 차가움(寒)	□ 서늘함(凉)	□ 중간(平)	■ 따뜻함(溫)	□ 뜨거움(熱)

효능   체력 증강, 자양 강장, 위장 강화

26 고등어

 좋은 재료 고르기

배 부분이 윤기가 있는 것이 좋
다. 또한 고등어 고유의 무늬가
선명한 것이 신선한 상태라고
볼 수 있다.

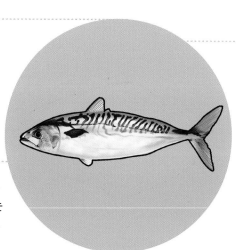

최고의 짝궁

오메가3와 단백질이 풍부한 고등
어와 함께 배추를 제공하면 고등
어에 부족할 수 있는 식이섬유와
비타민을 보강해 줄 수 있다.

 주의사항

알레르기 반응이 나타날 수 있습
니다. 소량을 먹여본 후 사용하는
것을 추천해요. 고등어포 형태로
사용하는 경우 고등어포는 지방
이 다소 높으므로 참고해 주세요.

전문가 한마디

한의사 한마디

"자양 강장에 효과가 있
어요."

고등어는 성질이 따뜻한 어류로 자양 강장 효
과가 좋습니다. 만성적으로 위장 기능이 좋지
않아 체력이 떨어진 경우, 호흡기 질환으로 체
력이 떨어진 경우에도 도움이 됩니다. 열성 질
환 직후에는 먹이는 것을 주의해야 해요.

펫 영양사 한마디

"비타민B12가 풍부해요."

고등어는 불포화 지방산과 비타민B12가 풍부
합니다. 그중에서도 비타민B12는 적혈구 생성
에 도움을 주는 영양소로 건강한 생활을 위한
필수 영양소입니다. 게다가 위장 건강에도 도
움을 주기 때문에 다방면으로 활용도가 높습니
다.

생선류

27
도미

영양 성분(100g당)	탄수화물	단백질	지방	무기질	수분	라이신
열량	미량	20.7g	4.0g	1.1g	74.2g	2000mg

125kcal

맛	☑ 단맛	☐ 짠맛	☐ 신맛	☐ 쓴맛	☐ 매운맛

제철

성질	☐ 차가움(寒)	☐ 서늘함(凉)	☐ 중간(平)	☑ 따뜻함(溫)	☐ 뜨거움(熱)

11월 ~ 3월

효능 소화 기능 강화, 체력 증강, 노폐물 제거, 소화 촉진, 혈액순환 촉진

 좋은 재료 고르기

'도미'와 '돔'은 같은 생선을 지칭합니다. 도미는 여러 가지 종류가 있는데 반려견에게 사용하는 도미는 일반적으로 참돔이에요. 참돔은 표면이 붉은색이고 색깔이 선명할수록 신선합니다.

 주의사항

생선을 먹이로 제공할 때는 순살만 사용해 주세요. 반려견에게 가시는 치명적일 수 있거든요.

 최고의 짝꿍

도미와 파프리카를 활용하면 면역력 보강하는데 도움이 될 수 있습니다. 파프리카는 매운맛이 없는 노란 파프리카를 활용하면 더 좋아요.

전문가 한마디

한의사 한마디

"혈관 건강에 도움 돼요."

도미는 위장 기능을 도와주고 자양 강장 효과가 뛰어나요. 콜레스테롤 수치를 떨어뜨리고 혈액 순환을 도와서 혈관 건강에도 도움이 됩니다.

펫 영양사 한마디

"라이신이 풍부해요."

도미에는 필수 아미노산의 한 종류인 라이신이 매우 풍부해요. 고단백 식품이라 수술 후 기력의 회복이나 체력 보강이 필요할 때 사용하면 좋습니다.

생선류

28
건멸치

영양 성분(100g당)	탄수화물	단백질	지방	무기질	수분	칼슘
열량	1.07g	49.69g	14.14g	14.14g	31.8g	2486mg

246kcal

맛	☑ 단맛	☐ 짠맛	☐ 신맛	☐ 쓴맛	☐ 매운맛

제철
3월 ~ 11월

성질	☐ 차가움(寒)	☐ 서늘함(凉)	☐ 중간(平)	☑ 따뜻함(溫)	☐ 뜨거움(熱)

효능 체력 증강, 혈액순환 촉진, 위장 및 장 기능 강화

 좋은 재료 고르기

건조 멸치를 고를 때는 유선형의 모양인 것이 상태가 좋습니다. 비늘이 벗겨지지 않고 투명한 것을 고른다면 금상첨화지요.

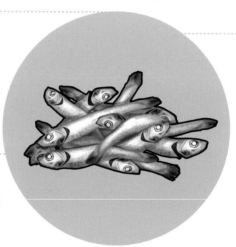

최고의 짝꿍

멸치와 시금치를 같이 조리하지 마세요. 시금치는 멸치의 칼슘 흡수를 방해할 수 있거든요. 또 수산 칼슘의 결정체로 결석의 원인이 될 수도 있습니다.

⚠ **주의사항**

건조된 멸치는 짠맛이 강하고 염분 함량이 많습니다. 염분을 줄인 후에 사용해 주세요.

전문가 한마디

한의사 한마디

"위장과 혈액 순환에 도움돼요."

멸치는 체력과 위장 기능을 강화하는 음식 재료입니다. 기력이 떨어져 소화가 잘되지 않을 때 추천합니다. 혈액 순환을 돕고 콜레스테롤 수치를 떨어뜨리는 효능도 있습니다. 결석이 있을 때는 주지 않습니다.

펫 영양사 한마디

"라이신이 풍부해요."

멸치는 칼슘이 풍부한 식재료로 반려견의 뼈 건강 관리에 도움을 줍니다. 생물 멸치와 건조 멸치는 영양소 함량이 차이가 있습니다. 일반적으로 구하기 쉬운 건조 멸치를 사용하는 것이 더 안전하다는 점 명심해 주세요.

관절을 튼튼하게
닭가슴살멸치볶음

신나게 뛰어노는 우리 반려견의 건강한 관절 유지를
위해 칼슘이 풍부한 멸치, 케일을 이용한 특식.

재료	소형견(5kg기준)	9세 이상 노령견(5kg 기준)
☐ 닭가슴살	29g	26g
☐ 멸치(건)	6g	5g
☐ 표고버섯	77g	69g
☐ 케일	17g	15g
☐ 퀴노아	5g	4g

Tip

닭가슴살에
알레르기가 있는
반려견의 경우,
오리고기로 바꿔도
좋습니다.

한방 재료 시너지

우슬 0.1 이하(한 꼬집)
우슬(牛膝)은 줄기의 마디 생김새가 소의 무릎과 닮았다 하여 붙은 이름입니다.
어혈을 제거하고 관절을 튼튼하게 하는 효과가 있습니다.

★ 만드는 법

① 건멸치는 물에 끓여 염분을 제거해둔다.
② 퀴노아는 미리 충분히 삶아둔다.
③ 닭가슴살과 표고버섯, 케일을 한입 크기로 자른다
④ 닭가슴살과 표고버섯을 물에 삶는다
　＊시너지 tip : 닭가슴살과 표고버섯 삶는 물에 우슬 가루 한 꼬집 추가
⑤ 팬에 삶은 표고버섯, 닭가슴살, 멸치, 케일, 퀴노아를 넣고 살짝 볶는다.

✚ Plus Point

① 퀴노아는 잘 익지 않아요. 충분하게 익히는 시간을 가질 필요가 있어요.
② 건멸치는 머리와 내장을 제거하고 살과 뼈를 사용하세요.

영양 성분(100g당)	탄수화물	단백질	지방	무기질	수분	비타민 B2
열량	미량	18.4g	0.8g	1.4g	79.4g	0.29ug

86kcal

맛	☑ 단맛	☐ 짠맛	☐ 신맛	☐ 쓴맛	☐ 매운맛

제철

11월 ~ 2월

성질	☐ 차가움(寒)	☐ 서늘함(凉)	☑ 중간(平)	☐ 따뜻함(溫)	☐ 뜨거움(熱)

효능　자양 강장, 피로 회복, 노화 방지

좋은 재료 고르기

빙어는 배 부분의 모양이 타원형을 잘 유지하고 있는 것이 좋다. 색깔은 투명한 느낌을 주는 것이 신선하다. 빙어, 열빙어 등 다양한 종류를 사용할 수 있으며 알이 찬 빙어도 반려견에게 먹일 수 있다.

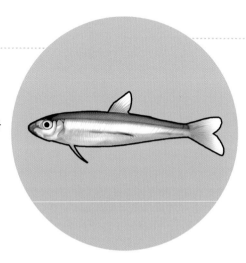

 최고의 짝꿍

빙어와 표고버섯은 궁합이 좋다. 빙어의 풍부한 칼슘을 표고버섯의 비타민D가 잘 흡수되도록 도움을 준다.

전문가 한마디

한의사 한마디

"원기를 북돋아 주어요."

피로 회복에 좋고 체력 저하로 생기는 자궁 출혈에도 도움이 됩니다. 항산화 효과도 있어요. 성질이 무난하여 누구나 잘 먹을 수 있는 식재료입니다.

펫 영양사 한마디

"칼로리는 낮지만 고단백이에요."

빙어는 칼로리는 낮지만, 비타민B2가 풍부한 고단백의 식재료입니다. 다이어트가 필요한 반려견, 중성화 후 체중 감량이 필요한 반려견에게 사용하면 '낮은 칼로리로 단백질'을 공급해 줄 수 있지요. 또한 체내의 다양한 효소 활동을 돕는 비타민B2가 풍부하여 대사 활동에 도움이 된답니다.

생선류

30
송어

영양 성분(100g당)	탄수화물	단백질	지방	무기질	수분	비타민 B3
열량 **126**kcal	0.1g	21.1g	3.9g	1.6g	73.3g	5.7mg

맛	☑ 단맛	☐ 짠맛	☐ 신맛	☐ 쓴맛	☐ 매운맛

제철	성질	☐ 차가움(寒)	☐ 서늘함(凉)	☑ 중간(平)	☐ 따뜻함(温)	☐ 뜨거움(熱)
10월 ~ 11월	효능	위장 기능 강화, 부종 제거, 피부 윤택				

🔥 좋은 재료 고르기
살이 붉은 색을 띠면서도 투명한 것을 고르는 것이 좋다.

💕 최고의 짝꿍
송어는 단백질 함량이 소고기와 비슷하다. 기력 회복이 필요한 노령의 반려견에게 소고기와 함께 먹이면 효과가 좋다.

⚠️ 주의사항
반려견에게 줄 때는 반드시 익혀서 주는 것이 좋다.

전문가 한마디

한의사 한마디
"부종 제거에 효과가 있어요."

한의학적으로 비위(脾胃) 기능은 소화뿐 아니라 체액 대사에도 관여합니다. 송어는 비위 기능을 강화해 체액 대사를 촉진하고 부종을 제거하는 식재료입니다. 성질이 평이해 무난하게 먹을 수 있습니다.

펫 영양사 한마디
"피부 관리에 좋아요."

필수 지방산 및 비타민B3가 풍부해요. 그렇다 보니 피부 건강에 유용한 작용을 합니다. 풍부한 비타민B3가 필수 지방산을 보조하여 활성화를 도와주거든요. 반려견의 피부 관리가 필요할 때 추천되는 식재료입니다.

송어애호박찌개

모질 관리에는 역시

윤기가 흐르는 털을 위해 도움이 되는 특식.
각종 비타민을 함유한 재료와 털과 피부에 양질의 영양소를
공급해 주는 송어를 활용한 레시피.

재료	소형견(5kg기준)	중형견(9kg 기준)
송어	30g	47g
애호박	89g	138g
빨간파프리카	33g	51g
두부	19g	29g
귀리	2g	4g
아마씨유	1g	2g

Tip

송어가 없다면 연어로 대체해 보세요.

 **한방 재료 시너지**

당귀 0.1g 이하(한 꼬집)
당귀는 혈액 생성과 순환을 돕습니다. 충분한 혈액을 공급해서 모질을 부드럽게 해주며 피부가 건조할 때도 도움이 되지요.

★ **만드는 법**

① 송어는 한입 크기로 자른 후 끓는 물에 데쳐서 소금기를 빼낸다.
　＊ 시너지 tip : 송어를 물에 데칠 때 당귀 가루를 한 꼬집 추가
② 빨간 파프리카를 믹서로 갈고 물을 약 10ml 정도 넣는다.
③ 두부와 애호박을 한입 크기로 자른다.
④ 냄비에 갈아 놓은 빨간 파프리카를 깔고 자른 두부와 애호박, 귀리를 넣고 끓여서 익힌다.
⑤ 4번의 재료들이 충분히 익으면 송어를 넣고서 졸인다.
⑥그릇에 담은 후에 아마씨유를 넣고서 섞는다.

➕ **Plus Point**

① 송어가 비늘이 있는 경우 반드시 제거하고 순살만 사용하세요.
② 파프리카의 소화가 어려운 반려견은 파프리카를 최대한 곱게 갈아주세요.

31
연어

영양 성분(100g당)	탄수화물	단백질	지방	무기질	수분	비타민 B3
열량	0.2g	20.6g	1.9g	1.5g	75.8g	7.5mg

106kcal

맛	☑ 단맛	☐ 짠맛	☐ 신맛	☐ 쓴맛	☐ 매운맛

제철

9월 ~ 10월

성질	☐ 차가움(寒)	☐ 서늘함(凉)	☐ 중간(平)	☑ 따뜻함(溫)	☐ 뜨거움(熱)

효능   소화 기능 강화, 온열 효과, 피부 윤택, 체력 증강

 좋은 재료 고르기

연어는 비늘이 촘촘하며 은빛을 가지고 있는 것이 좋다. 살이 탄탄하고 자른 후의 살빛이 약간 투명한 분홍색을 띠는지 확인하자. 연어의 종류는 다양하지만, 종류에 상관없이 사용해도 좋다.

최고의 짝꿍

연어는 당근과 잘 어우러진다. 당근의 베타카로틴은 연어의 DHA, EPA 등과 함께 혈관 건강에 도움을 준다.

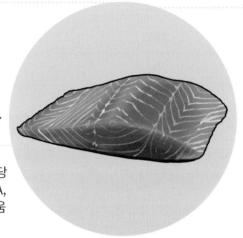

⚠ 주의사항

연어는 날것으로 먹을 경우, 연어흡충이라는 기생충 감염의 위험이 있어 반드시 충분히 익혀서 먹이는 것이 좋아요. 모든 생선이 그렇지만 항상 이물질이 있는지를 충분히 확인해주세요. 혹시 모를 알레르기 반응이 나타날 수 있으니 처음 급여할 때는 소량만 급여하여 알레르기 반응이 나타나는지 체크해주어야 합니다.

전문가 한마디

한의사 한마디

"피부에 좋아요."

연어는 속을 따뜻하게 하며 체력을 끌어올려주는 음식입니다. 피부 미용에도 좋아 예로부터 피부를 윤택하게 한다고 기록되어 있기도 합니다. 성질이 따뜻해 열성 질환 직후에는 많은 양을 먹이지 않도록 합니다.

펫 영양사 한마디

"활용도가 높은 식재료예요."

연어는 오메가3가 풍부하고 DHA, EPA 등의 영양소도 풍부해요. 양질의 필수 지방산은 피부에 도움이 되는 것은 물론 뇌세포 활성과 항산화에도 도움이 됩니다. 그 외에 타우린, 코엔자임Q10도 함유되어 건강 관리에 다양하게 활용될 수 있는 식재료입니다.

항암 식단
연어토마토소스볶음

암을 이겨낼 수 있는 치유의 힘을 기르는 데 도움을 주는
새싹채소와 아마란스를 활용한 영양 레시피.

재료	소형견(5kg기준)
☐ 연어	44g
☐ 토마토	38g
☐ 만가닥버섯	20g
☐ 새싹채소	12g
☐ 아마란스	5g

Tip

만가닥버섯이 없을
때는 새송이버섯으로
도 좋아요.

한방 재료 시너지

울금 0.1g 이하(한 꼬집)
울금에 있는 커큐민은 항산화, 항염, 항암 효과가 있습니다. 어혈 제거와
노폐물 배출에도 좋아요.

★ 만드는 법

① 토마토는 껍질을 벗기고 만가닥버섯과 함께 삶아서 익힌 후에 믹서에 갈아 놓는다.
② 아마란스를 15분 이상 삶아서 충분히 익혀준다.
③ 1와 2을 섞어서 소스를 만든다.
④ 연어를 한입 크기로 자른 후 3의 소스를 얹어서 팬에 굽는다.
　＊ 시너지 tip : 연어를 팬에서 구울 때 울금 가루 한 꼬집 추가
⑤ 소스가 졸아들 때까지 익힌 후 그릇에 담는다. 위에 새싹채소를 토핑한다.

✚ Plus Point

① 만가닥버섯은 익히는 시간을 충분히 가지고 조리하세요.
② 연어는 비늘이나 가시가 없는지 확인하고 조리하세요.

알류

32
달걀

영양 성분(100g당)		탄수화물	단백질	지방	무기질	수분	비타민 C
열량 **143**kcal		2.19g	13.94g	7.97g	0.9g	75g	미량
맛		☑ 단맛	☐ 짠맛	☐ 신맛	☐ 쓴맛	☐ 매운맛	
제철	성질	☐ 차가움(寒)	☐ 서늘함(凉)	☑ 중간(平)	☐ 따뜻함(溫)	☐ 뜨거움(熱)	
☐ 봄 ☐ 여름 ☐ 가을 ☐ 겨울	효능	진액 보충, 정신 안정, 스트레스 완화, 피부 보호					

 좋은 재료 고르기

달걀이 껍질이 거칠고 무거운 것이 신선한 달걀이라고 할 수 있다. 신선할수록 노른자가 볼록한 것이 특징이다.

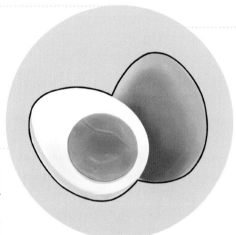

최고의 짝꿍

달걀에는 모든 영양소가 풍부하지만 비타민C가 부족하다. 토마토나 브로콜리를 혼합하면 부족한 비타민C 보충에 도움을 준다.

 **주의사항**

생식의 경우 흰자 사용은 금지되며 완전하게 익혀서 제공할 경우 흰자의 아비딘 성분이 제거되어 용혈성 빈혈 등의 원인이 없어지므로 함께 사용할 수 있다.

전문가 한마디

한의사 한마디

"진액과 혈액을 보충해 줘요."

달걀은 진액과 혈액을 보충해 건조한 몸을 윤택하게 합니다. 산전과 산후는 물론 건조 증상이 심한 경우에 좋습니다. 위장이 약한 경우에는 먹는 양을 잘 조절하도록 하세요.

펫 영양사 한마디

"완전식품이에요."

달걀은 사람에게나 반려견에게나 영양소가 매우 풍부한 완전식품이 될 수 있어요. 비타민C를 제외한 모든 영양소가 풍부하며 피부 건강에 관여하는 비오틴도 함유하고 있습니다.

출산 후 건강 식단
달걀스크램블

출산 후 수유에 도움을 주면서 다양한 영양소 보강을 위한 특식.
모든 영양소를 골고루 함유한 달걀과 면역력에 도움이 되는
딸기, 브로콜리를 활용한 레시피.

재료	소형견(5kg기준)
☐ 달걀	34g
☐ 브로콜리	51g
☐ 단호박	31g
☐ 딸기	12g
☐ 건멸치	6g

Tip

달걀에 알레르기가
있는 반려견에게는
메추리알로 대체해
보세요.

한방 재료 시너지

익모초 0.1g 이하(한 꼬집)
익모초는 체력을 떨어뜨리지 않으면서 부기와 노폐물, 어혈을 제거해주는 약재.
출산 후에는 빠른 회복을 도와줄 수 있어요.

★ 만드는 법

① 달걀은 흰자와 노른자를 충분히 섞어준다
　　＊ 시너지 tip : 달걀을 섞을 때 익모초 가루 한 꼬집 추가.
② 건멸치는 한번 삶아서 염분을 제거한 후 다져준다.
③ 단호박과 브로콜리는 잘게 다진 후 팬에서 익을 때까지 볶아준다.
④ 3에 달걀물을 넣고 풀어주면서 함께 볶는다.
⑤ 그릇에 4를 담고 건멸치와 딸기를 올린다.

➕ Plus Point

① 스크램블을 할 때 흰자와 노른자를 모두 사용하고 반드시 완전히 익혀야 합니다.

알류

33
메추리알

영양 성분(100g당)	탄수화물	단백질	지방	무기질	수분	트립토판
열량 **156**kcal	3.1g	12.2g	9.75g	1.01g	73.9g	297mg

맛	☑ 단맛	☐ 짠맛	☐ 신맛	☐ 쓴맛	☐ 매운맛

제철	성질	☐ 차가움(寒)	☐ 서늘함(凉)	☑ 중간(平)	☐ 따뜻함(溫)	☐ 뜨거움(熱)

☑ 봄 ☑ 여름
☑ 가을 ☑ 겨울

효능	기혈 보충, 영양 보충

 좋은 재료 고르기

껍질을 만졌을 때 거친 것이 좋다. 깼을 때는 흰자와 노른자의 분리가 확실하며 노른자가 봉긋하게 올라오는 것이 신선한 것이다.

주의사항

달걀과 메추리알 모두 반려견이 먹을 수 있지만, 간혹 알레르기 반응을 보이는 반려견이 있어 소량을 먼저 먹여보는 것을 권장합니다. 메추리알도 생식은 위험합니다.

최고의 짝꿍

키위는 메추리알에 부족한 비타민 C를 채워줄 수 있다.

전문가 한마디

한의사 한마디

"영양소가 풍부해요."

메추리알은 기력을 보충할 뿐 아니라 혈액 생성을 돕습니다. 감기나 호흡기 질환이 회복된 직후에는 피하는 것이 좋습니다.

펫 영양사 한마디

"심신 안정에 도움을 줘요."

메추리알은 필수 아미노산과 비타민B2, 엽산, 아연 등이 풍부한 식재료예요. 심신 안정과 뇌 건강을 유지하는 데 도움을 주는 필수 아미노산의 일종인 트립토판의 함유량이 높은 편이지요. 완전히 익혀서 제공해도 식감이 부드러워 반려견들이 좋아해요.

소화 부담이 적은
애호박육개장

부드러운 식감으로 소화 부담이 낮은 닭안심과 메추리알,
소화 흡수를 돕는 무를 활용한 특식.

재료	소형견(5kg기준)	중형견(9kg 기준)
☐ 닭안심	35g	55g
☐ 애호박	44g	69g
☐ 무	93g	145g
☐ 빨간파프리카	20g	28g
☐ 메추리알	10g	16g
☐ 사과	8g	12g

Tip

달걀 알레르기가
없다면 메추리알
대신 달걀을 사용해도
좋아요.

한방 재료
시너지

백편두 0.1g 이하(한 꼬집)
제비콩이라고 불리는 백편두는 위장을 튼튼하게 하고 소화를 돕는 약재.
체력이 떨어져 생기는 설사에도 좋아요.

★ 만드는 법

① 애호박과 무는 슬라이스하여 준비해 둔다.
② 닭안심을 완전히 익을 때까지 삶은 후 손으로 찢어둔다.
③ 빨간파프리카는 믹서로 곱게 갈아 놓는다.
④ 물 50ml에 메추리알을 풀고 1, 2, 3을 모두 넣고서 끓여준다.
   * 시너지 tip : 재료를 끓일 때 백편두 가루 한 꼬집 추가
⑤ 그릇에 담은 후 사과를 잘라서 위에 잘 올려준다.

➕ Plus Point

① 무는 슬라이스하여 익혀주면 조리 시간을 단축할 수 있어요.
② 메추리알은 삶아서 토핑해도 좋고, 사과는 갈아서 국물에 섞어도 좋습니다.

34
소간

영양 성분(100g당)	탄수화물	단백질	지방	무기질	엽산	철
열량	2.2g	19g	4.6g	1.4g	미량	8mg

131kcal

맛	☑ 단맛	☐ 짠맛	☐ 신맛	☑ 쓴맛	☐ 매운맛

제철

☐ 봄 ☑ 여름
☐ 가을 ☑ 겨울

성질	☐ 차가움(寒)	☐ 서늘함(凉)	☑ 중간(平)	☐ 따뜻함(溫)	☐ 뜨거움(熱)

효능 기혈 보충, 눈 건강, 간 기능 강화

좋은 재료 고르기

핏기가 많으면서 선홍색의 색상이 매우 뚜렷한 것이 좋아요. 신선도가 빠른 속도로 떨어지므로 보관에 주의해야 합니다. 퀴퀴한 냄새가 나는 것은 먹이지 않습니다.

⚠ 주의사항

과도한 양을 먹게 되면 비타민A의 부작용이 나타날 수 있습니다. 베들링턴테리어와 같은 견종의 반려견은 소간을 먹이로 제공하지 않는 것이 좋겠습니다.

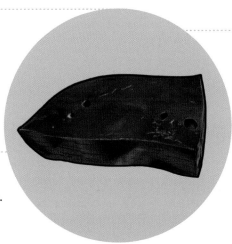

💕 최고의 짝꿍

소간과 당근은 같이 먹지 않아요. 비타민A가 둘 다 풍부하므로 과도한 섭취로 인한 부작용이 나타날 수 있기 때문이에요.

전문가 한마디

한의사 한마디

"간 기능과 눈 건강에 도움을 줘요."

소간은 혈액의 생성을 돕고 체력을 보충해 줍니다. 한의학적으로 간 기능을 강화해 줍니다. 야맹증이나 시력 감퇴 등 눈 건강에도 도움이 됩니다.

펫 영양사 한마디

"심신 안정에 도움을 줘요."

소간은 철분과 엽산, 비타민A가 풍부해 안구 건강에 도움을 줍니다. 반려견의 눈물 관리에도 유용해요. 생식이나 건조식 등 다양한 형태로 제공할 수 있지만, 균에 대한 우려가 있으므로 익혀서 주는 것을 추천합니다.

눈물 조절에 도움이 되는

소고기고구마머핀

곡물 알레르기가 있는 반려견을 위한 천연 머핀!
과도한 눈물 생성과 그로 인한 염증을 완화하는 데 도움이 되는
소간과 블루베리를 활용한 베이커리 특식.

재료	소형견(5kg기준)
☐ 소홍두깨살	25g
☐ 소간	11g
☐ 고구마	100g
☐ 청경채	12g
☐ 블루베리	11g

Tip

소간 파우더나
소간 저키(육포)를
활용할 경우 양을 5g
으로 줄여주세요.

한방 재료 시너지

감국 0.1g 이하(한 꼬집)
감국은 국화과의 꽃을 말린 것입니다. 눈을 맑게 하고 과한 열로 생기는
염증이나 눈물을 그치게 하는 효능이 있어요. 감기를 예방하기도 해요.

★ 만드는 법

① 고구마는 강판에 곱게 갈아서 둔다.
  ＊ 시너지 tip : 갈아둔 고구마에 감국 가루 한 꼬집 추가
② 소홍두깨살과 소간, 청경채를 잘게 다진 후에 삶아서 익힌다.
③ 머핀 틀에 갈아둔 고그마를 반 정도 넣고 2를 올린다.
④ 오븐에서 180도로 10분에서 15분 정도 굽는다.
⑤ 완성된 머핀에 블루베리를 토핑한다. 먹기 편하게 반으로 잘라도 좋다.

✚ Plus Point

① 소간은 신선도가 빨리 떨어지므로 해동 후 최대한 빨리 조리하세요.
② 신장 관련 질환이 있는 반려견은 청경채보다 상추가 좋습니다.

고기류

35
닭가슴살

영양 성분(100g당)	탄수화물	단백질	지방	무기질	수분	발린
열량	미량	28.09g	0.93g	1.31g	70.4g	1371mg
128kcal						

맛	☑ 단맛	☐ 짠맛	☐ 신맛	☐ 쓴맛	☐ 매운맛
성질	☐ 차가움(寒)	☐ 서늘함(凉)	☐ 중간(平)	☑ 따뜻함(溫)	☐ 뜨거움(熱)

제철
☑ 봄 ☑ 여름
☑ 가을 ☑ 겨울

효능　체력 증강, 온열 효과, 소화 기능 강화, 근골 강화

 좋은 재료 고르기

두께가 도톰하고 탄력이 있는 것을 고르도록 한다. 표면에 막과 지방이 붙어 있다면 제거한 후 먹이도록 한다.

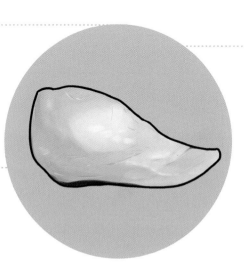

최고의 짝꿍

닭가슴살과 팽이버섯을 함께 먹으면 소화 흡수율을 높이고 영양소를 균형이 있게 제공할 수 있어요.

 주의사항

열이 많은 강아지에게는 주의해서 주어야 해요.

전문가 한마디

한의사 한마디

"원기 회복에 도움을 줘요."

성질이 따뜻해 양기를 보충해 주며 원기 회복에 아주 좋습니다. 위장 기능을 강화해 주고 근골을 강하게 만들어 주지요. 성질이 따뜻하므로 열성 질환 회복 직후에는 조심해야 합니다.

펫 영양사 한마디

"필수 아미노산이 풍부한 단백질원이에요."

닭가슴살은 반려견에게 에너지 활성을 돕는 훌륭한 단백질원이에요. 탄수화물과 지방은 거의 함유되어 있지 않고 필수 아미노산이 풍부하다는 특징이 있지요. 필수 아미노산의 종류 중 발린이 높은 식재료는 많지 않은데 닭가슴살은 발린의 함유량이 높은 편입니다. 그 외 아라키돈산, 니아신 등도 풍부해요.

가벼운 칼로리로 든든함을 채우는
쌀가루닭가슴살떡볶이

가벼운 한 끼 특식으로 제공하기 좋은 반려견을 위한 레시피.
토마토와 빨간 파프리카의 천연 색감과 더불어 비만에 도움을 줍니다.

재료	소형견(5kg기준)
☐ 닭가슴살	29g
☐ 쌀가루	24g
☐ 토마토	55g
☐ 빨간 파프리카	33g

Tip

물을 너무 많이
추가하지 않도록
주의하세요.

한방 재료 시너지

곽향(배초향) 0.1g 이하(한 꼬집)
곽향은 노폐물을 제거하고 소화 대사를 돕는 약재입니다. 체중 관리에도 좋고, 혹 소화 기능이 약해 떡을 먹기 어려운 경우에도 도움이 될 수 있어요.

★ 만드는 법

① 닭가슴살을 약 1cm 크기 정사각형으로 자른다.
② 쌀가루에 물을 넣고 반죽하여 길이 약 1cm의 떡 모양으로 만든다.
③ 토마토와 빨간 파프리카는 믹서기에 곱게 갈아준다.
④ 냄비에 물 200ml와 함께 1, 2, 3을 모두 넣고 완전하게 익힌다.

➕ Plus Point

① 쌀가루가 없는 경우 쌀밥으로 대체해도 좋아요.

고기류

36
돼지안심

영양 성분(100g당)		탄수화물	단백질	지방	무기질	수분	트레오닌
열량		미량	32.32g	4.31g	1.29g	61.4g	1494mg

177kcal

맛	■ 단맛	■ 짠맛	□ 신맛	□ 쓴맛	□ 매운맛
성질	□ 차가움(寒)	■ 서늘함(凉)	□ 중간(平)	□ 따뜻함(溫)	□ 뜨거움(熱)

제철
■ 봄 ■ 여름
■ 가을 ■ 겨울

효능 진액 보충, 체력 증강

 좋은 재료 고르기

고유의 색을 잘 유지하고 쾌쾌
한 돼지고기 냄새가 나지 않는
것을 고르세요.

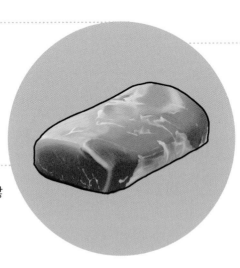

최고의 짝꿍

돼지안심과 가지는 궁합이 좋습니
다. 돼지 안심의 콜레스테롤을 가
지가 낮추어 주거든요.

⚠ **주의사항**

성질이 다소 서늘하므로 너무 많
이 먹이지 않는 것이 좋아요.

전문가 한마디

한의사 한마디

"체력 보강에 도움을 줘요."

돼지고기는 진액 생성을 도와 체력 보강에 도
움을 줍니다. 진액이나 혈액이 모자라서 생기
는 빈혈이나 허약 증상을 회복하는 데 도움이
되지요. 다만 성질이 다소 서늘하므로 과식은
삼가야 합니다.

펫 영양사 한마디

"필수 아미노산의 하나인
트레오닌이 풍부해요."

돼지안심은 필수 아미노산의 하나인 트레오닌
을 비롯하여 비타민B1 등이 풍부해요. 트레오
닌은 체내 생성이 안 되기 때문에 돼지안심을
사용해 보충하면 좋습니다.

고기류

37
소고기

영양 성분(100g당)	탄수화물	단백질	지방	무기질	수분	비타민 B3
열량	미량	22.5g	1.0g	1.2g	75.4g	1.5mg

열량 **105**kcal

맛	■ 단맛	□ 짠맛	□ 신맛	□ 쓴맛	□ 매운맛

성질	□ 차가움(寒)	□ 서늘함(凉)	□ 중간(平)	■ 따뜻함(溫)	□ 뜨거움(熱)

제철
■ 봄　■ 여름
■ 가을　■ 겨울

효능　소화 기능 강화, 기혈 보충, 근골 강화

 좋은 재료 고르기

육질이 선홍색이며 지방의 끈적임이 약간 느껴지는 것이 좋습니다. 다양한 부위를 사용할 수가 있지만 보통 소 홍두깨살(우둔살), 안심, 등심을 주로 사용해요.

⚠️ **주의사항**

소고기를 과하게 섭취하면 몸이 산성화되거나 체내 노폐물이 과다 생성되고 혈압 등의 문제가 생길 수도 있습니다. 적당한 양을 주어야 합니다.

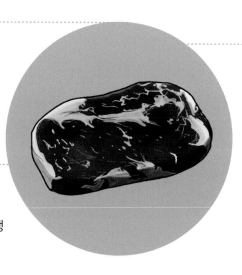

💕 **최고의 짝꿍**

소고기와 아스파라거스를 함께 사용하면 영양학적으로 상호 보완이 가능해요. 소고기에 부족한 식이섬유를 아스파라거스가 보충해 주어요.

전문가 한마디

한의사 한마디

"체력 회복에 좋아요."

소고기는 전반적인 체력과 몸 상태를 회복하는 데 아주 좋은 식재료입니다. 위장 기능을 강화도 해주어요. 특히 병을 앓아 몸이 허약해졌을 때 잘 맞습니다. 성질이 따뜻해서 열성 질환을 앓은 직후에는 피하는 것이 좋습니다.

펫 영양사 한마디

"단백질과 비타민B3가 풍부해요."

비타민B3가 부족하면 피부염 등의 문제가 생길 수 있어요. 소고기는 양질의 단백질과 함께 비타민B3가 풍부해요.

비타민D를 보충하고 수분 섭취 늘리기에 도움을 주는
소고기뭇국

자칫 부족할 수 있는 비타민D를 음식으로 보조하고 코코넛오일 등을
활용하여 면역력 증강 등에 도움을 줍니다.

재료	소형견(5kg기준)
☐ 소고기	53g
☐ 무	124g
☐ 표고버섯	93g
☐ 코코넛오일	0.2g

Tip

표고버섯이 없는 경우 양송이버섯으로 대체해도 좋습니다.

한방 재료 시너지

대추(육수용) 0.1g 이하(한 꼬집)
대추는 한의학에서 '대조'라고 부르는 약재입니다. 체력 보충, 위장 기능 강화 등 전반적인 면역력 개선에 도움이 될 수 있습니다.

★ 만드는 법

① 소고기와 무를 두께 약 0.3cm로 슬라이스로 자른다.
② 표고버섯은 두께 약 0.5cm로 슬라이스로 자른다.
③ 냄비에 물 300ml와 무, 표고버섯을 넣고 익힌다.
④ 3이 모두 익으면 소고기를 넣고 익힌 후에 코코넛오일을 추가한다.

➕ Plus Point

① 기호성을 높이고 싶을 때는 참기름을 활용해 보세요.

38
양고기

영양 성분(100g당)	탄수화물	단백질	지방	무기질	수분	이소류신
열량	미량	20.88g	5.94g	1.06g	72.55g	1007mg

143kcal

맛	■ 단맛	☐ 짠맛	☐ 신맛	☐ 쓴맛	☐ 매운맛

제철

☐ 봄　■ 여름
☐ 가을　■ 겨울

성질	☐ 차가움(寒)	☐ 서늘함(凉)	☐ 중간(平)	☐ 따뜻함(溫)	■ 뜨거움(熱)

효능　온열 효과, 기혈 보충, 체력 증강, 신장 기능 강화

 좋은 재료 고르기

양고기는 고유의 지방을 내포하고 있으며, 지방의 색깔이 흴수록 신선합니다. 일반 양고기와 램(어린 양의 고기)으로 구분하는데. 램은 일반 양고기보다 선명한 붉은 육색을 띱니다.

⚠ **주의사항**

성질이 뜨거워 감기나 기타 열성 질환 직후에는 먹지 않는 게 좋습니다. 임신 중에도 많이 먹지 않는 게 좋습니다.

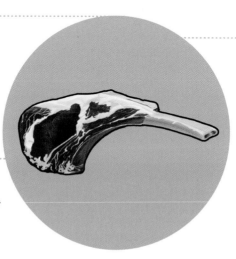

 최고의 짝꿍

양고기의 철분과 단백질에 토마토의 비타민C가 더해져 혈액을 생성하여 반려견의 빈혈에 도움을 줄 수 있다.

전문가 한마디

한의사 한마디

"신장을 강화해 주어요."

양고기는 뜨거운 성질을 가지고 있습니다. 양기가 허하여 몸이 차갑고 기타 냉증 증상이 심할 때 좋은 음식이 될 수 있습니다. 한의학적으로 신장을 강화해 주고 양기를 북돋습니다.

펫 영양사 한마디

"이소류신과 카르니틴이 풍부해요."

양고기는 이소류신과 카르니틴이 풍부해요. 필수 아미노산의 하나인 이소류신은 반려견의 체내에서 단백질을 합성하는 데 중요한 역할을 담당합니다. 카르니틴은 지방의 연소를 도와주는 데 반려견이 나이가 들어감에 따라 체내의 카르니틴의 양이 감소해요. 음식을 통해서 공급을 해줄 필요가 있습니다.

계절 특식
Recipe

추위를 이기는
양고기보양식

체내 지방이 적은 반려견은 추위에 취약할 수 있습니다.
양질의 지방인 양고기와 코코넛오일을 활용한 조리법으로
추위 관리에 도움을 주는 겨울용 특식입니다.

재료	소형견(5kg기준)
☐ 양고기	25g
☐ 오트밀	7g
☐ 블루베리	11g
☐ 코코넛오일	0.5g

Tip

코코넛오일이 없을
때는 올리브유를
활용하세요.

 **한방 재료 시너지**

녹용 0.1g 이하(한 꼬집)
녹용은 원기를 강하게 끌어 올려주며 성질이 뜨거운 약재예요. 특히 나이가
들어 추위에 더 취약해진 반려견에게 잘 맞습니다.

⭐ **만드는 법**

① 팬에 코코넛오일을 넣고 양고기와 함께 볶아준다.
   ＊ 시너지 tip : 양고기를 볶을 때 녹용 가루 한 꼬집 추가
② 오트밀을 믹서로 곱게 갈아서 1의 팬에 넣어서 함께 볶는다.
③ 팬의 재료가 완전히 익으면 그릇에 담아낸다.
④ 블루베리를 올려준다. 블루베리를 먹기 좋게 반으로 잘라서 주어도 좋다.

➕ **Plus Point**

① 순도가 높다면 코코넛오일의 종류는 크게 상관이 없어요.

고기류

39
말고기

영양 성분(100g당)	탄수화물	단백질	지방	무기질	수분	비타민 B12
열량 **110**kcal	0.3g	20.1g	2.5g	1.0g	76.1g	7.1ug

맛	■ 단맛	☐ 짠맛	■ 신맛	☐ 쓴맛	☐ 매운맛

성질	■ 약간 차가움(冷)	☐ 서늘함(凉)	☐ 중간(平)	☐ 따뜻함(溫)	☐ 뜨거움(熱)

제철
☐ 봄　☐ 여름
☐ 가을　☐ 겨울

효능　근골 강화

 좋은 재료 고르기

말고기는 특유의 향이 강하게 나며 암적색 색상을 띠는 것이 좋아요. 순살 부위를 골라서 사용하세요.

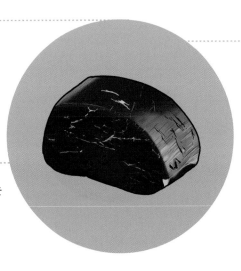

⚠️ **주의사항**

말고기는 피부 질환이 있을 때는 섭취하지 않는 것이 좋습니다.

💕 **최고의 짝꿍**

말고기와 브로콜리의 조합은 혈당 조절이 필요한 반려견이나 당뇨가 있는 반려견에게 유용한 조합이 될 수 있습니다.

전문가 한마디

한의사 한마디

"근육 강화에 도움을 줘요."

말고기는 근육에 힘이 빠지면서 위축되고 약해지는 증상에 좋은 식재료입니다. 피부 질환이 있을 때는 피해야 해요.

펫 영양사 한마디

"필수 아미노산의 하나인 트레오닌이 풍부해요."

말고기는 면역력이 저하되었거나 기력 회복이 필요할 때 추천해 드립니다. 육질이 단단하여 간식 중 육포로 활용하면 좋습니다. 소고기와 비교하면 철분과 마그네슘의 함량이 높은 특징을 가지고 있어요.

고급 보양식
말고기스테이크

노령견은 물론 계절의 영향으로 보양이 필요한 반려견을 위한 레시피.
말고기의 고급 단백질과 아마란스의 항산화 효과를 활용한 특식.

재료	소형견(5kg기준)	9세 이상 노령견(5kg 기준)
☐ 말고기	51g	46g
☐ 콜리플라워	82g	73g
☐ 브로콜리	17g	15g
☐ 사과	16g	14g
☐ 아마란스	2g	2g

Tip

아마란스가 없을 때는
오트밀로 대체해도
좋아요.

**한방 재료
시너지**

황기 0.1g 이하(한 꼬집)
황기는 기력을 끌어 올리고 위장 기능을 돕는 한약재. 신진대사가 떨어져 있을
때도 좋습니다.

★ 만드는 법

① 사과와 브로콜리를 작게 자른 후 갈아서 팬에 익힌다.
     ✳ 시너지 tip : 사과와 브로콜리를 갈 때 황기 가루를 한 꼬집 추가
② 아마란스는 따로 10분 이상 삶아서 익혀요.
③ 익힌 아마란스를 팬에 익힌 사과와 브로콜리에 넣어서 소스를 만든다.
④ 말고기와 콜리플라워는 한입 크기로 잘라서 타지 않게 팬에 볶는다.
⑤ 그릇에 볶은 말고기와 콜리플라워를 담고 3의 소스를 올린다.

➕ Plus Point

① 말고기는 식감이 질길 수 있어 작게 잘라서 주는 게 좋아요.
② 콜리플라워의 대는 식감이 부드러워질 때까지 충분히 가열하여 익혀주세요.

고기류

40
칠면조고기

영양 성분(100g당)	탄수화물	단백질	지방	무기질	수분	비타민 B6
열량 **143**kcal	0.13g	21.64g	5.64g	0.98g	72.69g	0.59mg

맛	☑ 단맛	☑ 짠맛	☐ 신맛	☐ 쓴맛	☐ 매운맛

성질	☐ 차가움(寒)	☐ 서늘함(凉)	☐ 중간(平)	☑ 따뜻함(溫)	☐ 뜨거움(熱)

제철
☑ 봄 ☑ 여름
☑ 가을 ☑ 겨울

효능 체력 증강, 온열 효과, 근골 강화

좋은 재료 고르기

분홍빛을 띠고 육질이 탄탄한
것을 고르는 것이 좋다.

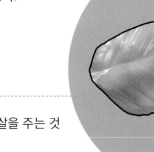

최고의 짝꿍

칠면조고기는 무와 궁합이 좋다.
함께 먹이면 소화 흡수력이 높아
진다.

⚠ 주의사항

반려견에게는 가슴살을 주는 것
이 좋다.

전문가 한마디

한의사 한마디

"근육을 튼튼하게 해줘요."

칠면조고기는 고단백 재료로 영양이 풍부하고
성질이 따뜻해 체력을 북돋아 주며 근육을 튼
튼하게 해줍니다. 성질이 따뜻하므로 감기나
기타 열성 질환 직후에는 많이 먹지 않는 것이
좋습니다.

펫 영양사 한마디

"비타민B6가 풍부해요."

칠면조는 모든 영양소를 고루 함유하고 있어
요. 비타민B6도 풍부한데, 비타민B6는 아미노
산의 합성에 관여하는 수용성 비타민이에요.
닭가슴살과 비교하여 칠면조 가슴살의 육질이
더욱 단단한 것이 특징이고 성장기의 반려견에
게 사용하면 도움이 돼요.

고기류

41
오리고기

영양 성분(100g당) 열량	탄수화물	단백질	지방	무기질	수분	아르기닌
117kcal	미량	21g	3.07g	1.05g	76.8g	1395mg

맛	☐ 단맛	☐ 짠맛	☐ 신맛	☐ 쓴맛	☐ 매운맛

제철
☐ 봄 ☐ 여름
☐ 가을 ☐ 겨울

성질	☐ 차가움(寒)	☐ 서늘함(凉)	☐ 중간(平)	☐ 따뜻함(溫)	☐ 뜨거움(熱)

효능　진액 보충, 체력 증강, 수액 대사 촉진

 좋은 재료 고르기

선홍빛을 띠고 있는 것이 좋아요. 오리고기는 가슴살이나 안심 등 다양한 부위를 사용할 수 있으나 부패가 빨라요. 보관에 특히 신경을 쓰도록 하세요.

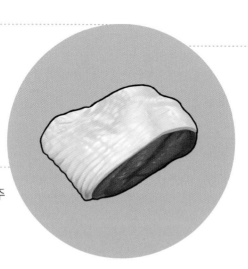

 최고의 짝꿍

일반적으로 오리고기와 부추는 궁합이 좋다. 하지만 반려견에게 부추는 위험한 식재료이므로 같이 주는 일은 없도록 하자.

⚠ **주의사항**

설사 증상이 있을 때는 섭취에 주의하세요.

전문가 한마디

한의사 한마디

"스트레스로 생긴 열을 제거해 주어요."

오리고기는 진액을 보충하면서 체력을 보강해 주어요. 특히 진액이 부족하면서 열이 생기고 체력이 떨어지는 허약형 질환, 여름철 무더위로 떨어지는 체력을 보강하는 데 좋습니다.

펫 영양사 한마디

"단백질 합성에 도움이 돼요."

오리고기는 알레르기 발생이 적은 식재료 중 하나예요. 필수 아미노산이 풍부하고 칼로리도 높지 않아서 부담 없이 먹이로 줄 수 있습니다. 필수 아미노산 중 아르기닌의 함량이 풍부하여 심장 질환 예방과 혈행 관리, 면역력 증가에도 도움이 됩니다.

설사가 계속될 때는
오리고기양배추밥

지속적인 설사로 탈수와 영양소의 불균형을 최소화하는 식단.
양질의 영양소를 함유한 무염치즈와 소화를 돕는 양배추,
설사에 도움이 되는 감을 활용한 특식.

재료	소형견(5kg기준)
☐ 오리고기	31g
☐ 무염치즈	26g
☐ 양배추	43g
☐ 백미	12g
☐ 감	7g

Tip

오리고기에 알레르기
가 있다면 닭가슴살로
대신해도 좋아요.

한방 재료 시너지

연자육 0.1g 이하(한 꼬집)
연자육은 장 기능이 극도로 떨어져 만성 설사가 있는 경우 매우 좋은 약재.
설사를 그치게 하고 장기간 이어진 설사로 떨어진 체력을 회복시켜 줍니다.

★ 만드는 법

① 양배추는 채썰기를 하고 오리고기는 잘게 다진 후 함께 팬에 볶는다.
   ＊ 시너지 tip : 양배추와 오리고기를 볶을 때 연자육 가루 한 꼬집 추가
② 백미는 완전히 익혀서 흰쌀밥으로 준비해 둔다.
③ 감을 믹서에 곱게 갈아 준비해 둔다.
④ 그릇에 1를 담는다.
⑤ 4에 흰쌀밥(백미)과 무염치즈를 올리고 갈아놓은 감을 토핑한다.

＋ Plus Point

① 감은 단감, 홍시도 사용할 수 있어요.
② 양배추는 투명해질 때까지 완전히 익혀주세요.

고기류

42
토끼고기

영양 성분(100g당)	탄수화물	단백질	지방	무기질	수분	비타민 B3
열량 **135**kcal	0.6g	21.7g	4.4g	1.1g	72.2g	7.9mg

맛	☐ 단맛	☐ 짠맛	☐ 신맛	☐ 쓴맛	■ 매운맛

성질	■ 차가움(寒)	☐ 서늘함(凉)	☐ 중간(平)	☐ 따뜻함(溫)	☐ 뜨거움(熱)

제철
■ 봄   ■ 여름
☐ 가을   ☐ 겨울

효능   청열·해열, 체력 증강

 좋은 재료 고르기

토끼고기는 잔뼈가 있을 수 있다. 반려견에게 잔뼈는 위험할 수 있으므로 반드시 순살만을 먹이도록 하자.

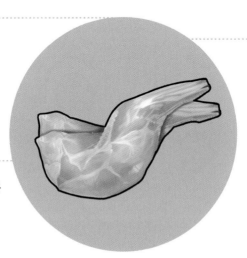

최고의 짝꿍

토끼고기는 영양이 매우 풍부한 고단백질의 육류예요. 하지만 귤을 함께 먹게 되면 복통과 설사를 일으킬 수 있으니 주의해 주세요.

⚠️ **주의사항**

반려견에 따라서 알레르기 반응이 있을 수 있으니, 소량으로 시험해 보는 것이 좋다.

전문가 한마디

한의사 한마디

"임신한 반려견에게는 먹이지 마세요."

토끼고기는 열로 체력이 떨어질 때 먹기 좋은 식재료입니다. 진액 손상이 심하거나 과한 열 때문에 생기는 증상에 좋습니다. 다만 성질이 차가우므로 몸이 냉하면서 체력이 약할 때나 임신한 반려견이면 먹지 않는 것이 좋습니다.

펫 영양사 한마디

"육질이 부드러운 고단백 식재료예요."

육질이 부드러운 편에 속하며 닭가슴살과 비교하여 나트륨의 함량이 낮은 것이 특징이에요. 일반적으로 많이 섭취하는 고기는 아니지만 알레르기 발생률이 낮아서 반려인들의 선호도가 점점 높아지고 있는 식재료입니다.

43
우유

영양 성분(100g당)	탄수화물	단백질	지방	무기질	수분	칼슘
열량 **65**kcal	5.53g	3.08g	3.32g	0.67g	87.4g	113mg

맛	■ 단맛	□ 짠맛	□ 신맛	□ 쓴맛	□ 매운맛

성질	■ 약간 차가움(冷)	□ 서늘함(凉)	□ 중간(平)	□ 따뜻함(溫)	□ 뜨거움(熱)

제철
■ 봄 ■ 여름
■ 가을 ■ 겨울

효능 체력 증강, 기혈 보충, 진액 생성

🔍 좋은 재료 고르기

반려견의 우유를 고를 때는 락토프리 우유나 반려동물 전용 우유를 선택해서 사용해 주세요.

⚠️ 주의사항

반려견은 유당 분해 능력이 낮아 일반적인 우유를 제공하면 설사나 구토를 할 수 있어요.

💕 최고의 짝꿍

우유와 고구마는 궁합이 좋다. 우유에 부족한 식이섬유를 고구마가 보강해 주기 때문이다.

전문가 한마디

한의사 한마디

"기혈과 진액 모두 보강해 주어요."

우유는 기혈과 진액 모두를 보충해 준다. 열 때문에 생기는 갈증, 체력 저하, 변비 등에 특히 좋다. 성질이 다소 차가워 설사 증상이 있거나 속이 안 좋을 때는 소량만 주어야 한다.

펫 영양사 한마디

"칼슘이 풍부한 식재료예요."

우유는 어린 반려견부터 노령의 반려견까지 모두 거부감없이 잘 먹는 식재료로 활용도가 매우 좋다. 칼슘이 풍부하게 함유된 것이 특징이다.

유지류

44
무염버터

영양 성분(100g당)	탄수화물	단백질	지방	무기질	수분	비타민 E
열량	1.81g	0.59g	82.04g	0.26g	15.3g	0.8mg
761kcal						

맛	■ 단맛	□ 짠맛	□ 신맛	□ 쓴맛	□ 매운맛
성질	■ 약간 차가움(冷)	□ 서늘함(凉)	□ 중간(平)	□ 따뜻함(溫)	□ 뜨거움(熱)

제철
■ 봄 ■ 여름
■ 가을 ■ 겨울

효능　체력 증강, 기혈 보충, 위장 보호, 피부 보호

 좋은 재료 고르기

완제품으로 포장되어 판매되기 때문에 포장의 손상이 없는 것을 고르도록 하자. 중요한 것은 나트륨의 수치를 확인하는 것이다.

 주의사항

정량을 초과해서 섭취하게 되면 설사와 구토를 유발할 수 있어요. 소량만 사용하는 것이 좋아요.

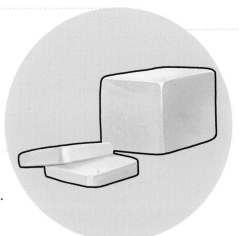

 최고의 짝꿍

버터와 감자는 좋은 궁합이다. 버터는 감자에 부족한 양질의 지방이 풍부해서 보유하고 있기 때문이다.

전문가 한마디

한의사 한마디

"몸을 촉촉하게 해줘요."

무염 버터는 몸을 촉촉하게 해주어 건조한 증상을 해소해 주는 식재료입니다. 장이 건조해서 생기는 변비나 피부 건조증, 가래가 없는 건조한 기침 등에 모두 좋습니다. 속이 불편하거나 소화가 잘되지 않을 때는 주의하세요.

펫 영양사 한마디

"양질의 지방산과 비타민E를 제공해요."

일반적으로는 반려견에서 자주 사용되지 않지만, 사용할 수 없는 식재료는 아닙니다. 다만 소량을 사용해야 합니다. 무염 버터는 양질의 지방산과 비타민E를 제공해 줄 수 있습니다.

유지류

45
치즈

영양 성분(100g당)	탄수화물	단백질	지방	무기질	수분	라이신
열량 **105**kcal	1.9g	13.3g	4.5g	1.3g	79g	1200mg
맛	☑ 단맛	☐ 짠맛	☑ 신맛	☐ 쓴맛	☐ 매운맛	
성질	☑ 약간 차가움(冷)	☐ 서늘함(凉)	☐ 중간(平)	☐ 따뜻함(溫)	☐ 뜨거움(熱)	

제철
☐ 봄 ☐ 여름
☐ 가을 ☐ 겨울

효능 기혈 보충, 체력 증강, 근골격 강화, 노화 방지

 좋은 재료 고르기

유통기한을 반드시 확인하여야 하며 일반 가공 치즈의 경우 첨가물이 포함되어 있을 수 있어 첨가물의 종류와 유무를 확인해야 합니다.

 주의사항

반려견에게 사용하는 치즈는 코티지 치즈라고 불리는 무염 치즈를 사용함을 기준으로 합니다.

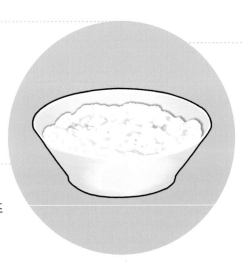

 최고의 짝꿍

치즈는 영양이 풍부한 재료지만 콩류와 함께 사용하면 서로 영양소의 가치를 떨어뜨린다. 따라서 함께 조리하거나 섭취하지 않는 것이 좋다.

전문가 한마디

한의사 한마디

"우유와 비슷한 면이 많아요."

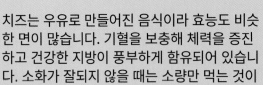

치즈는 우유로 만들어진 음식이라 효능도 비슷한 면이 많습니다. 기혈을 보충해 체력을 증진하고 건강한 지방이 풍부하게 함유되어 있습니다. 소화가 잘되지 않을 때는 소량만 먹는 것이 좋습니다.

펫 영양사 한마디

"라이신이 풍부해요."

무염 치즈에서 범하기 쉬운 오류로 지방이 적다고 생각하기 쉽지만, 무염 치즈에도 지방은 일정량 함유하고 있습니다. 필수 아미노산의 한 종류인 라이신이 풍부한 것도 특징입니다.

출산 전 건강 관리는
닭가슴살치즈볶음밥

출산 전 단백질의 공급이 필요한 반려견을 위한 특별식.
에너지 활성을 돕는 닭가슴살과 영양이 가득한
무염치즈를 활용한 영양 볶음밥.

재료	소형견(5kg기준)
☐ 닭가슴살	29g
☐ 단호박	62g
☐ 토마토	44g
☐ 무염치즈	17g
☐ 새싹채소	8g

Tip

새싹채소는 종류
상관없이 사용할 수
있어요.

한방 재료 시너지

천궁 0.1g 이하(한 꼬집)
천궁은 어혈을 제거하고 자궁 근육 수축을 돕는 약재에요. 출산 직전에는
순산을 도와주고 출산 후에는 회복 속도를 높여줘요.

★ 만드는 법

① 토마토는 살짝 데쳐 껍질을 벗겨서 한입 크기로 잘라 놓는다.
② 단호박과 닭가슴살을 한입 크기로 잘라서 식감이 부드러워질 때까지 삶아놓는다.
　　＊ 시너지 tip : 단호박과 닭가슴살을 삶는 물에 천궁 가루 한 꼬집 추가
③ 팬에 삶은 단호박과 삶은 닭가슴살을 담고 볶다가 무염치즈와 토마토를 넣고 다시 볶는다.
④ 모든 재료가 충분히 익을 만큼 볶아지면 그릇에 담고 새싹채소를 올려준다.

➕ Plus Point

① 우유를 끓여 식초를 2큰술 넣으면 몽글거리는 생무염치즈가 완성돼요. 냉장고에 넣어두면 더
　단단해져서 활용도가 높아져요.

유지류

46
올리브유

영양 성분(100g당)		탄수화물	단백질	지방	무기질	수분	리놀렌산
열량 **921**kcal		미량	미량	100g	0.04g	0.1g	8187mg
맛		■ 단맛	□ 짠맛	□ 신맛	■ 쓴맛	□ 매운맛	
제철	성질	■ 차가움(寒)	□ 서늘함(凉)	□ 중간(平)	□ 따뜻함(溫)	□ 뜨거움(熱)	
■ 봄 ■ 여름 □ 가을 □ 겨울	효능	눈 건강, 자양 강장, 암 예방, 노화 방지					

 좋은 재료 고르기

빛이 차단된 병에 들어있는 올리브유를 고르고 '엑스트라버진' 또는 '압착'이라는 단어가 표기된 것을 구매하는 것이 좋다.

주의사항

반려견에게는 식물성보다는 동물성에서 추출된 기름을 우선순위로 사용해야 한다. 따라서 생선 기름 등을 구하기 어려울 때 사용한다.

최고의 짝꿍

올리브유와 토마토를 함께 조리하면 흡수율 증가에 도움 돼요. 특히 리코펜의 흡수율이 매우 높아집니다.

전문가 한마디

한의사 한마디

"눈 건강에 도움 돼요."

올리브유는 성질이 다소 차고 과한 열을 식혀 눈 건강에 도움을 줍니다. 항산화 효능이 있어 노화를 방지하고 암을 예방하는 데에도 좋습니다. 칼로리가 높은 편이라 적당량을 사용해야 합니다.

펫 영양사 한마디

"항산화 효과가 있어요."

펫푸드에서 산화가 빠른 지방을 보강하는 것이 각종 오일류예요. 올리브유는 오메가3, 오메가6, 비타민E를 함유하여 면역력과 항산화에 도움을 줄 수 있지요.

영양 성분(100g당)	탄수화물	단백질	지방	무기질	수분	비타민 E
열량	미량	0.11g	99.98g	미량	0.12g	31.43mg

884kcal

맛	☐ 단맛	☐ 짠맛	☐ 신맛	☐ 쓴맛	☐ 매운맛

성질	☐ 차가움(寒)	☐ 서늘함(凉)	☐ 중간(平)	☐ 따뜻함(溫)	☐ 뜨거움(熱)

제철

☐ 봄 ☐ 여름
☐ 가을 ☐ 겨울

효능　체력 증강, 간 기능 보강, 혈액 순환 촉진, 변비 완화

좋은 재료 고르기

불투명한 용기에 들어있는 아마씨유를 고르도록 하자. 아마씨 함유량이 높고 기타 첨가물 함유량이 낮은 것을 구매하면 좋다.

⚠ 주의사항

아마씨유는 70도 이상에서 가열하면 영양소가 거의 파괴가 된다. 따라서 가열해서 조리를 할 때 첨가하지 않는다.

최고의 짝꿍

아마씨유와 연어는 오메가3가 풍부한 식재료다. 오메가3의 공급이 필요한 반려견에게 좋은 조합으로 큰 효과를 기대할 수 있다.

전문가 한마디

한의사 한마디

"혈액순환을 돕습니다."

아마씨유는 한의학적으로 혈액순환을 도와 어혈(瘀血) 제거에 좋은 식재료입니다. 타박상과 변비를 완화하는 효과가 있습니다. 다만 체질에 따라 간혹 소화를 잘 못 시키기도 하니, 주의가 필요합니다.

펫 영양사 한마디

"셀레늄이 풍부해요."

아마씨유는 아마씨에서 추출된 기름이다. 비타민E와 셀레늄 등이 풍부하여 항산화에 도움을 주는 식재료다. 아마씨 자체는 반려견의 간식은 물론 사료, 영양제로도 활용되는 재료다.

털을 풍성하게
단호박연어초밥

피부를 튼튼하게 함은 물론 털의 양을 증가시키는 데 도움이 되는
특식. 양질의 단백질을 공급하는 연어와 단백질의 합성을 돕는 단호박,
오메가3 공급을 돕는 아마씨유를 활용한 레시피.

재료	소형견(5kg기준)	중형견(9kg 기준)
☐ 연어	40g	63g
☐ 단호박	62g	96g
☐ 셀러리	55g	85g
☐ 딸기	25g	40g
☐ 아마씨유	1g	2g

Tip

평소 단호박을 즐겨 먹는 반려견은 애호박으로 대체해 보세요. 다양한 영양소를 섭취할 수 있으니까요.

한방 재료 시너지

숙지황 0.1g 이하(한 꼬집)
숙지황은 몸에서 충분한 혈액을 만들 수 있도록 조혈 작용을 촉진해요. 털이 거칠고 힘이 없어질 때 좋습니다.

★ 만드는 법

① 연어는 한입 크기로 길게 자른 후 끓는 물에 익힌다.
② 단호박은 부드러워질 때까지 가열한 후 믹서로 갈아서 준비해 놓는다.
　＊ 시너지 tip : 단호박을 믹서로 갈 때 숙지황 가루를 한 꼬집 추가
③ 셀러리와 딸기를 다져서 준비해 놓은 단호박과 섞는다.
④ 3을 초밥의 밥 모양으로 뭉친 후 익힌 연어를 그 위에 올린다.
⑤ 연어 위에 아마씨유를 살짝 뿌려준다.

➕ Plus Point

① 셀러리는 고유의 향이 매우 강하므로 차가운 물에 담근 후 조리하세요.
② 연어가 비늘이 있다면 비늘을 모두 제거하고 순살만 사용하세요.

48
굴

영양 성분(100g당)	탄수화물	단백질	지방	무기질	수분	비타민 B3
열량 **86**kcal	5.1g	10.5g	2.4g	1.6g	80.4g	4.5mg

맛	☑ 단맛	☑ 짠맛	☐ 신맛	☐ 쓴맛	☐ 매운맛

성질	☐ 차가움(寒)	☐ 서늘함(凉)	☑ 중간(平)	☐ 따뜻함(溫)	☐ 뜨거움(熱)

제철 9월 ~ 12월

효능 혈액 보충, 진액 보충, 신체 안정

 좋은 재료 고르기

껍데기가 잘 다물어져 있는 것을 고르자. 속살은 통통하게 부풀어 있는 것이 신선한 굴이다.

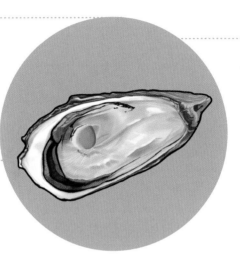

최고의 짝궁

굴과 부추는 장점이 많은 음식 궁합으로 알려져 있다. 그렇지만 반려견에게 부추는 용혈성 빈혈을 일으킬 수 있으므로 절대로 주지 않는다.

 **주의사항**

반드시 익혀서 주어야 합니다. 덜 익은 것이나 생으로 제공하는 굴은 식중독이나 바이러스에 감염을 일으킬 수 있으므로 조심해야 합니다.

전문가 한마디

한의사 한마디

"체력 보충에 좋습니다."

굴은 바다의 소고기라는 별명이 있을 정도로 체력 보충에 좋은 음식입니다. 특히 혈액과 진액이 부족해서 생기는 허약 증상에 좋으며, 성질이 따뜻하지 않아서 열증이 있을 때도 먹을 수 있습니다. 몸이 냉한 반려견에게는 소량만 제공해야 합니다.

펫 영양사 한마디

"다양한 영양소가 풍부해요."

굴은 다양한 영양소를 함유한 식재료지요. 반려견의 모질 건강에 도움을 주고 성장기의 반려견에게는 발육에도 도움을 줍니다. 다만, 굴은 반드시 익혀서 소량만 제공해야 해요.

해조류

49
미역

영양 성분(100g당)	탄수화물	단백질	지방	무기질	수분	칼슘
열량 **18**kcal	5.1g	3g	0.3g	4.0g	87.6g	149mg

맛	☐ 단맛	☑ 짠맛	☐ 신맛	☐ 쓴맛	☐ 매운맛

제철
☑ 봄 ☐ 여름
☐ 가을 ☐ 겨울

성질	☑ 차가움(寒)	☐ 서늘함(凉)	☐ 중간(平)	☐ 따뜻함(溫)	☐ 뜨거움(熱)

효능 청열·해열, 이뇨 작용, 노폐물 제거, 신체 순환 촉진, 피부 보호

 좋은 재료 고르기

생미역은 윤기가 있으며 녹색이 진한 것이 좋고, 마른미역은 흑갈색을 띠는 것이 좋다. 두께는 두꺼울수록 좋은 미역이다.

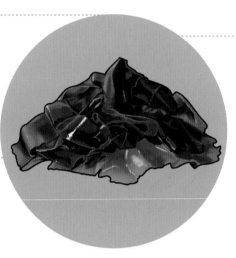

 최고의 짝꿍

미역과 콩류는 서로 시너지를 주는 조합이다. 반려견에게 콩류를 사용할 때 미역을 활용하면 요오드 보강에도 도움이 된다.

 주의사항

미역은 다량으로 섭취하게 되면 요오드와 같은 미량 미네랄을 지나치게 많이 공급되어, 또 다른 문제가 발생할 수 있어요.

전문가 한마디

 **한의사 한마디**

"노폐물 제거에 좋습니다."

미역은 노폐물을 제거하고 전반적인 순환을 촉진하는 효능이 뛰어납니다. 특히 갑상선이나 림프계통 질환에 도움이 되지요. 성질이 차가우므로 속이 냉한 경우 적당량을 먹여야 합니다.

 펫 영양사 한마디

"다양한 영양소가 풍부해요."

미역은 칼슘과 함께 각종 미네랄이 풍부합니다. 특히 알긴산이라는 성분은 소화와 염증에 도움을 주지요. 그렇지만 알긴산과 후코이단 성분의 장점을 얻으려 반려견에게 다량 제공하는 것은 또 다른 문제를 일으킬 수 있어 적정량을 먹이는 것이 좋겠습니다.

호르몬 활성을 돕는 특식 레시피
오리고기미역국

세포 재생을 비롯한 요오드 공급으로 호르몬 건강을 유지하며
칼슘 등을 추가 보강하여 노령견에게 도움이 됩니다.

재료	소형견(5kg기준)
☐ 오리고기	47g
☐ 건멸치	6g
☐ 불린미역	51g
☐ 오트밀	3g

Tip

오트밀이 없을 경우
백미밥으로 변경해도
좋아요.

**한방 재료
시너지**

녹용(육수용) 0.1g 이하(한 꼬집)
녹용은 사슴의 어린 뿔입니다. 원기를 강화하고 근골을 튼튼히 해서 노령견의
기력 보충에 큰 도움이 될 수 있어요.

★ 만드는 법

① 냄비에 물을 넣고 건멸치를 끓여서 건져낸다.
② 오리고기와 미역을 약 1cm 크기로 잘라준다.
③ 냄비에 물 200ml를 넣고 미역, 오리고기, 멸치를 넣은 후 완전히 익혀준다.
④ 3이 모두 익으면 오트밀을 넣고 1~2분가량 더 가열한 후 그릇에 담아낸다.

➕ Plus Point

① 건멸치는 나트륨 함량이 높아서 끓여내는 과정이 꼭 필요해요.

50
홍합

영양 성분(100g당)	탄수화물	단백질	지방	무기질	수분	철
열량 **82**kcal	3.1g	13.8g	1.2g	2.2g	79.7g	6.1mg

맛	■ 단맛	■ 짠맛	□ 신맛	□ 쓴맛	□ 매운맛
성질	□ 차가움(寒)	□ 서늘함(凉)	□ 중간(平)	■ 따뜻함(溫)	□ 뜨거움(熱)

제철 10월 ~ 12월

효능 혈액 보충, 혈액 순환 촉진, 체력 증강

좋은 재료 고르기

입을 다물고 있는 홍합을 선택하세요. 껍질을 열었을 때는 살이 통통한 것이 좋습니다.

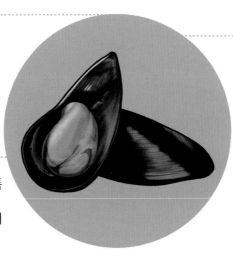

주의사항

완전히 익혀서 주어야 합니다. 특히 소화기가 약한 반려견에게 제공할 때는 소화가 어려울 수 있어 주의가 필요해요.

최고의 짝꿍

홍합과 무는 좋은 조합입니다. 홍합에 부족한 비타민C를 무가 보충해 주면서 소화가 잘될 수 있도록 해주기 때문이에요.

전문가 한마디

한의사 한마디

"원기를 튼튼하게 해줍니다."

홍합은 원기를 튼튼하게 하는 식재료예요. 특히 체력이 떨어지면서 허리와 다리에 힘이 빠지는 증상에 좋습니다. 갑상선 기능을 돕고, 혈액 생성과 순환을 도와 빈혈에도 도움이 됩니다. 다만 방광염이나 염증성 장 질환이 있는 경우 피하는 게 좋겠습니다.

펫 영양사 한마디

"단백질과 오메가3, 비타민이 가득해요."

홍합은 동물성 식재료의 알레르기가 있는 반려견에게 좋은 단백질 공급원으로 활용할 수 있어요. 단백질은 물론이고 오메가3, 각종 비타민의 제공도 가능하지요.

버섯류

51
느타리버섯

영양 성분(100g당)	탄수화물	단백질	지방	무기질	수분	마그네슘
열량 **23**kcal	7.69g	3.28g	0.18g	0.55g	88.3g	16mg

맛	■ 단맛	□ 짠맛	□ 신맛	□ 쓴맛	□ 매운맛

제철
■ 봄 ■ 여름
■ 가을 ■ 겨울

성질	□ 차가움(寒)	□ 서늘함(凉)	□ 중간(平)	■ 따뜻함(溫)	□ 뜨거움(熱)

효능 　근육 이완

 좋은 재료 고르기

느타리버섯은 사람의 손가락만큼의 길이와 굵기를 가진 게 좋아요. 갓 부분이 갈라지지 않고 탄력이 있으면 신선한 상태입니다.

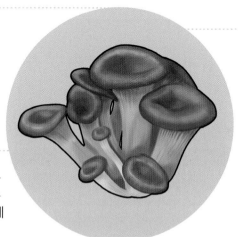

 최고의 짝꿍

느타리버섯과 올리브유의 조합은 찰떡 조합이에요. 올리브유가 느타리버섯에 부족한 비타민E를 보완하여 균형을 이뤄주거든요.

 주의사항

버섯은 완전히 익히지 않으면 독성이 있어 반려견에게 위험할 수 있어요. 완전히 익혀서 소량만 제공하는 것이 좋겠습니다.

전문가 한마디

한의사 한마디

"근육 기능을 도와줘요."

느타리버섯은 근육 기능을 도와주는 식재료예요. 특히 다리가 자주 아플 때 효과가 있습니다. 성질이 따뜻한 편이라 열성 질환 직후에는 주의해서 섭취해야 해요.

펫 영양사 한마디

"마그네슘이 풍부해요."

느타리버섯은 식이섬유와 마그네슘이 풍부한 것이 특징이에요. 수분 함량도 높아 조금만 먹어도 포만감을 줄 수 있어요.

구강 건강
Recipe

구강 관리 특식
돼지등심수육

전체적인 구강 관리를 위한 특식이에요. 구강 내 염증 방지와 완화를 돕는 녹두와 니아신이 풍부한 돼지등심을 활용한 건강 요리.

재료		소형견(5kg기준)	중형견(9kg 기준)
☐	돼지등심	27g	42g
☐	느타리버섯	81g	126g
☐	녹두	11g	36g

Tip

소화기가 약한 반려견은 녹두 대신 백미를 익혀서 사용하세요.

한방 재료
시너지

감초 0.1g 이하(한 꼬집)
감초는 충치를 일으키는 균의 성장을 억제하고 치주 질환의 개선에 도움을 줍니다. 단맛이 나서 반려견들이 좋아하는 편입니다.

⭐ **만드는 법**

① 돼지등심과 느타리버섯은 통으로 삶아준다.
  ＊시너지 tip : 돼지등심과 느타리버섯 삶는 물에 감초 가루 추가
② 충분히 익힌 돼지등심과 느타리버섯을 슬라이스 해준다.
③ 녹두는 냄비에 따로 삶아서 익힌 후 믹서로 갈아준다.
④ 그릇에 돼지등심과 느타리버섯을 담고 갈은 녹두를 그 위에 뿌려준다.

➕ **Plus Point**

① 녹두는 익힌 후 갈아야 잘 갈려요.
② 돼지등심에 불필요한 지방은 제거한 후에 사용하세요.

52
목이버섯

영양 성분(100g당)	탄수화물	단백질	지방	무기질	수분	비타민 D
열량 **13**kcal	5.2g	0.6g	0.2g	0.2g	93.8g	8.8ug

맛	☑ 단맛	☐ 짠맛	☐ 신맛	☐ 쓴맛	☐ 매운맛

제철
☑ 봄 ☑ 여름
☐ 가을 ☐ 겨울

성질	☐ 차가움(寒)	☐ 서늘함(凉)	☑ 중간(平)	☐ 따뜻함(溫)	☐ 뜨거움(熱)

효능 기혈 보충, 폐 기능 강화, 암 예방 및 항암

 좋은 재료 고르기

고유의 모양을 잘 유지하고 있는 게 좋다. 건조 버섯을 사용할 때는 충분히 불려서 사용해야 한다.

 주의사항

흰목이버섯과 검은목이버섯 중 반려견에게는 무난한 검은목이버섯을 주는 것을 추천합니다.

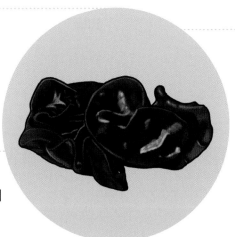

최고의 짝궁

목이버섯은 버섯 중 식이섬유가 풍부한 편이다. 양배추와 같이 먹으면 비타민U가 더해지면 소화와 장 건강에 좋은 효과를 얻을 수 있다.

전문가 한마디

한의사 한마디

"폐 기능을 도와줘요."

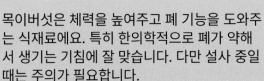

목이버섯은 체력을 높여주고 폐 기능을 도와주는 식재료에요. 특히 한의학적으로 폐가 약해서 생기는 기침에 잘 맞습니다. 다만 설사 중일 때는 주의가 필요합니다.

펫 영양사 한마디

"다이어트에 좋아요."

목이버섯은 열량이 낮은 버섯류로 비만의 반려견에게 사용하면 좋습니다. 수분이 많고 인보다 칼슘의 함량이 높은 것도 특징입니다. 비타민D가 풍부해 칼슘의 흡수를 보조하기도 해요.

수분 보충을 해주는
대구탕

수분 보충은 비뇨기계에 긍정적인 효과를 줍니다.
비뇨기계에 도움이 되는 밤과 수분이 풍부한 목이버섯을 활용한
수분 보충 건강 특식.

재료	소형견(5kg기준)	중형견(9kg 기준)
☐ 대구순살	68g	106g
☐ 목이버섯	71g	111g
☐ 밤	18g	28g

Tip

알밤 대신 밤가루를
사용할 땐 밤의 양을
반으로 줄이세요.

**한방 재료
시너지**

적소두 0.1g 이하(한 꼬집)
적소두(팥)는 이뇨 작용과 비뇨기 계통의 염증을 진정시키는 효능이 있습니다.
결석 등으로 배뇨가 어렵거나 비뇨기 계통의 염증이 자주 생기는 경우 먹이면
좋습니다.

★ 만드는 법

① 대구의 순살을 끓는 물에 데쳐서 염분을 제거한다.

② 염분을 제거한 대구순살에 물 20ml를 추가하여 한 번 더 삶아 육수를 만듭니다.

③ 밤은 한입 크기로 자르고 목이버섯은 잘게 다집니다.

④ 준비된 3가지의 모든 재료를 넣어 잘 섞이도록 버무린다

   ※ 시너지 tip : 밤과 목이버섯을 볶을 때 적소두(팥) 가루 한 꼬집 추가

⑤ 그릇에 대구순살과 육수를 넣고 4를 넣어서 섞는다.

➕ Plus Point

① 밤은 익히는 시간이 오래 걸리기 때문에 미리 쪄서 사용하면 좋습니다.

② 목이버섯은 소화가 어려울 수 있어 최대한 잘게 다져서 조리하세요.

버섯류

53
양송이버섯

영양 성분(100g당)	탄수화물	단백질	지방	무기질	수분	셀레늄
열량 **15**kcal	3.25g	3.69g	0.18g	0.88g	92g	9.94ug

맛	■ 단맛	□ 짠맛	□ 신맛	□ 쓴맛	□ 매운맛
성질	□ 차가움(寒)	□ 서늘함(凉)	■ 중간(平)	□ 따뜻함(溫)	□ 뜨거움(熱)

제철
■ 봄 ■ 여름
□ 가을 ■ 겨울

효능   소화 촉진, 간 기능 강화

 좋은 재료 고르기

갓이 지나치게 퍼지지 않고, 갓과 자루(대)가 튼튼하게 붙어 있는 것이 신선해요.

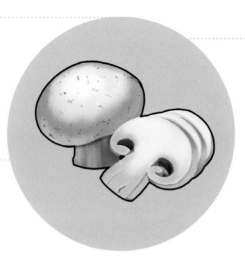

 최고의 짝꿍

육류를 주식으로 하는 반려견에게 양송이버섯을 혼합하여 제공하면 육류 소화 시 발생하는 노폐물을 제거하는 데 도움이 된다.

 주의사항

반려견에게는 소화가 쉽지 않은 식재료이므로 반드시 완전하게 익혀서 먹이는 것이 좋아요

전문가 한마디

한의사 한마디

"식욕이 떨어졌을 때 좋습니다."

양송이버섯은 위장 기능을 북돋아 줍니다. 소화가 안 되거나 식욕이 없을 때 좋은 작용을 합니다. 스트레스로 인한 증상이나 고혈압, 간 기능 회복에도 도움이 됩니다. 위장이 냉한 경우 많이 먹이지 않도록 합니다.

펫 영양사 한마디

"셀레늄이 풍부해요."

양송이버섯은 버섯류 중에서 단백질의 함량이 높은 편에 속해요. 셀레늄도 풍부하여 면역력과 항산화에 도움이 되지요. 포만감이 오랫동안 유지되어 다이어트가 필요한 반려견에게 활용하면 좋습니다.

영양 성분(100g당)	탄수화물	단백질	지방	무기질	수분	식이섬유
열량 **18**kcal	6.29g	2.4g	0.24g	0.37g	90.7g	6.2g

맛	■ 단맛	■ 짠맛	□ 신맛	■ 쓴맛	□ 매운맛
성질	■ 차가움(寒)	□ 서늘함(凉)	□ 중간(平)	□ 따뜻함(溫)	□ 뜨거움(熱)

제철
■ 봄　■ 여름
■ 가을　■ 겨울

효능　간 기능 강화, 장 기능 강화

54 팽이버섯

 좋은 재료 고르기

자루가 우유빛을 띠고 있으며 변색이 없는 것이 신선한 팽이버섯이에요. 만졌을 때 끈적이지 않고 물기가 없는 것을 고르세요.

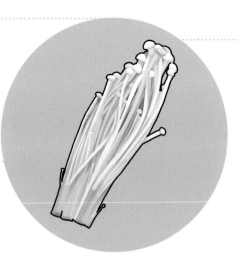

⚠ **주의사항**

팽이버섯은 가열하지 않고 먹이면 위험한 식재료입니다. 완전하게 익힌 것만 먹일 수 있습니다.

♥ **최고의 짝꿍**

팽이버섯을 올리브유에 볶아서 섭취하면 혈관 내 콜레스테롤을 낮추는 불포화 지방산이 풍부해져요.

전문가 한마디

한의사 한마디

"간과 장의 기능에 도움을 줘요."

팽이버섯은 간과 장의 기능이 원활하게 이루어지도록 도움을 줍니다. 성질이 차가워서 몸이 냉한 경우 과하지 않게 먹는 것이 좋습니다.

펫 영양사 한마디

"다이어트에 도움 돼요."

팽이버섯은 수분과 식이섬유가 풍부해 다이어트에 도움이 되는 식재료예요. 영양소 중에 엽산, 아연 등도 함유되어 있어요.

심장 튼튼
양고기팽이버섯구이

심장은 모든 건강의 중추 역할로 혈액 순환의 핵심 장기!
심장 건강에 도움이 되는 통밀과 L-카르니틴이 풍부한
양고기를 활용한 특식.

재료	소형견(5kg 기준)	9세 이상 노령견(5kg 기준)
☐ 양고기	25g	22g
☐ 팽이버섯	51g	45g
☐ 참외	18g	16g
☐ 통밀	5g	4g
☐ 해바라기씨	0.2g	0.1g

Tip

해바라기씨가
없을 때는 검은깨로
대체해 주세요.

한방 재료 시너지

홍삼 0.1g 이하(한 꼬집)
홍삼은 심장 내피세포 기능과 혈관 경직도를 개선해 심장 건강에 도움이 됩니다.
특유의 향이 있어 먹기 불편해하면 급여량을 아주 소량으로 줄여도 좋습니다.

★ 만드는 법

① 양고기와 팽이버섯을 한입 크기로 자른다.
② 통밀은 10분 이상 삶아서 완전하게 익혀둔다.
③ 참외는 씨를 빼고 과육만 잘게 잘라서 둔다.
④ 팬에 한입 크기로 자른 양고기와 팽이버섯을 넣고 볶는다.
　＊ 시너지 tip : 양고기와 팽이버섯을 볶을 때 홍삼 가루 한 꼬집 추가
⑤ 4에 삶은 통밀과 자른 참외를 넣고 2분에서 3분 정도 더 볶는다.
⑥ 완성되면 그릇에 담고 해바라기씨를 토핑한다.

➕ Plus Point

① 통밀은 익히는 데 시간이 오래 걸리므로 미리 1시간 이상 불려두세요.
② 제철 과일 참외가 없을 때 멜론으로 만들어도 좋아요.

버섯류

55
표고버섯

영양 성분(100g당)	탄수화물	단백질	지방	무기질	수분	식이섬유
열량 **29**kcal	10.48g	3.63g	0.26g	0.71g	84.9g	10.2g

맛	☑ 단맛	☐ 짠맛	☐ 신맛	☐ 쓴맛	☐ 매운맛
성질	☐ 차가움(寒)	☐ 서늘함(凉)	☑ 중간(平)	☐ 따뜻함(溫)	☐ 뜨거움(熱)

제철
3월 ~ 9월

효능　자양 강장, 소화 촉진, 노폐물 제거, 암 예방 및 항암

 좋은 재료 고르기

표고버섯은 갓이 두꺼운 것이 좋다. 줄기는 짧고 굵은 것이 좋다. 신선도가 빨리 떨어지는 특징이 있어 구매한 후 빨리 조리해 먹는 것이 좋다.

 주의사항

다른 버섯보다 칼로리가 높다. 다른 버섯보다는 소량을 주는 것이 좋다.

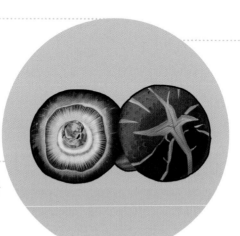

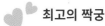 **최고의 짝꿍**

표고버섯의 비타민D는 참치, 고등어와 같은 생선의 칼슘 흡수를 돕는다. 반려견의 뼈 건강 관리에 활용하면 좋은 조합으로 잘 활용하자.

전문가 한마디

한의사 한마디
"자양 강장 효과가 있어요."

표고버섯은 자양 강장 효과가 뛰어난 식재료 중 하나입니다. 전반적인 체력을 개선하고 피로나 식욕부진 등에도 도움이 되며 소화를 돕기도 합니다. 위장이 냉한 경우 적당량만 먹이도록 합니다.

펫 영양사 한마디
"신진대사를 활발하게 해 주어요."

표고버섯은 버섯 중에 탄수화물, 식이섬유가 풍부한 식재료예요. 무기질의 수치도 높습니다. 혈액 순환에 도움이 되며 신진대사를 활발하게 해줍니다.

탄수화물 대사에 도움을 주는
오리고기양배추쌈

탄수화물 대사에 도움이 되는 현미와 소화 능력을 높여주는 양배추를
활용한 레시피. 당뇨 반려견에게 좋습니다.

재료	소형견(5kg기준)
☐ 오리고기	47g
☐ 양배추	29g
☐ 표고버섯	51g
☐ 현미	12g

Tip

현미 가루를
활용할 때 양을 5g
으로 줄여주세요.

 한방 재료
시너지

죽순 0.1g 이하(한 꼬집)
죽순은 GI지수(혈액 속에 혈당이 상승하는 수치)가 낮아 혈당을 천천히 올라가게
하는 음식이에요. 당뇨로 생기는 갈증, 건조 증상 해소에 좋은 식재료기도 해요.

★ 만드는 법

① 오리고기와 표고버섯은 잘게 다져서 완전하게 익을 때까지 볶아서 준비해 둔다.
  ＊ 시너지 tip : 오리고기와 표고버섯을 볶을 때 죽순 가루 한 꼬집 추가
② 양배추는 잎 부분을 길게 잘라서 쪄둔다.
③ 현미는 완전히 익을 때까지 10분 이상 삶는다.
④ 볶은 오리고기와 표고버섯을 삶은 현미와 섞어서 원기둥 모양으로 빚어놓는다.
⑤ 찐 양배추로 빚은 고기를 감아준다.

➕ Plus Point

① 표고버섯은 식감이 질길 수 있어 충분히 가열하여 부드럽게 해주어야 해요.
② 현미는 익히는 시간이 오래 걸립니다. 미리 5시간 이상 불려두면 좋아요.

버섯류

56
새송이버섯

영양 성분(100g당)	탄수화물	단백질	지방	무기질	수분	엽산
열량 **19**kcal	6.24g	2.93g	0.18g	0.75g	89.9g	72ug

맛	☐ 단맛	☐ 짠맛	☐ 신맛	☐ 쓴맛	☐ 매운맛

제철
☐ 봄 ☐ 여름
☐ 가을 ☐ 겨울

성질	☐ 차가움(寒)	☐ 서늘함(凉)	☐ 중간(平)	☐ 따뜻함(溫)	☐ 뜨거움(熱)

효능　이뇨 작용

 좋은 재료 고르기

자루가 단단하고 두꺼운 것이
좋다. 버섯 향이 진한 것이 신선
한 것이다.

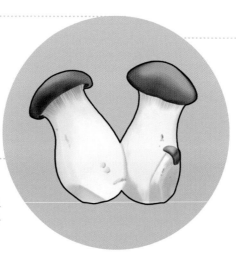

 최고의 짝꿍

새송이버섯은 소고기와 궁합이 좋
다. 소고기를 먹을 때 콜레스테롤
관리에 도움을 준다.

 주의사항

완전하게 익히려면 다른 버섯보
다 가열 시간을 넉넉하게 두고 조
리해야 한다. 온전히 익혀서 제공
해야 한다.

전문가 한마디

한의사 한마디

"비뇨기계 염증에 효과가
있어요."

새송이버섯은 이뇨 작용이 있고 비뇨기계 염증
에 도움이 됩니다. 소변이 잘 나오지 않거나 탁
한 증상에 좋습니다.

펫 영양사 한마디

"버섯 중에서 엽산이 풍부
해요."

버섯 중에서 엽산이 풍부합니다. 트레할로스
성분이 포함되어 뼈 건강에도 도움이 됩니다.
비타민C도 많이 함유되어 있어요.

피부의 건강을 지키고 염증 예방을 돕는
새송이소고기장조림

소고기와 새송이버섯을 활용한 피부 건강을 지키는 레시피로
각종 피부 염증 완화에 도움을 줍니다. 또한 철분의 보충에도 유용합니다.

재료	소형견(5kg기준)
☐ 소고기	69g
☐ 단호박	31g
☐ 새송이버섯	49g
☐ 캐롭파우더	5g

Tip

캐롭파우더는
장이 약한 반려동물
에게 유용해요.

**한방 재료
시너지**

박하 0.1g 이하(한 꼬집)
박하는 피부의 열을 제거하고 가려움증을 진정시키는 데 좋습니다. 피부 염증이
자주 생기는 경우 도움이 될 수 있습니다.

★ **만드는 법**

① 소고기를 가로세로 약 1cm 정사각형으로 자른다.
② 단호박과 새송이버섯은 소고기의 크기와 비슷하게 자른다.
③ 물 250ml에 캐롭파우더를 풀어주고 냄비에 넣는다.
④ 3에 나머지 재료를 넣고 완전히 익히면서 물을 졸여준다.

➕ **Plus Point**

① 새송이버섯은 약 5분 이상 충분한 가열이 필요해요.

57
귀리

영양 성분(100g당)	탄수화물	단백질	지방	무기질	수분	식이섬유
열량	64.9g	13.2g	8.2g	1.7g	12g	18.8g

382kcal

맛	■ 단맛	□ 짠맛	□ 신맛	□ 쓴맛	□ 매운맛

제철

9월 ~ 10월

성질	□ 차가움(寒)	□ 서늘함(凉)	■ 중간(平)	□ 따뜻함(溫)	□ 뜨거움(熱)

효능　소화 기능 강화, 변비 완화

좋은 재료 고르기

낱알 모양이 길며 통통한 것이 좋다. 이물질이 섞여 있는지, 낱알이 부서진 것은 없는지 확인하고 구매해야 한다. 귀리의 구매가 어려운 경우에는 귀리 파우더, 오트밀, 오트밀 파우더를 선택해도 무방하다.

최고의 짝꿍

귀리와 보리를 혼합하면 식이섬유가 늘어나 변비에 큰 도움을 줄 수도 있다.

전문가 한마디

한의사 한마디

"변비에 효과가 있어요."

귀리는 비위 기능을 도와 식욕이 떨어지거나 변비가 있을 때 도움이 되는 식재료입니다. 설사 중일 때는 먹지 않는 게 좋습니다.

펫 영양사 한마디

"피부와 털 건강에 도움이 돼요."

귀리는 식이섬유가 풍부한 곡류다. 비타민B5, 비타민B9, 아연 등을 함유하고 있어 반려견의 피부와 털 건강에 도움이 된다. 글루텐이 함유된 밀이나 옥수수에 알레르기가 있는 반려견에게 대체 식재료로 사용할 수 있다.

호흡기 관리
Recipe

폐가 튼튼
오리고기애호박찜

예후가 좋지 않은 질병의 종착점은 폐이다.
평소 폐 건강 관리에 도움을 주는 레시피.

재료	소형견(5kg기준)
☐ 오리고기	47g
☐ 애호박	66g
☐ 귀리	5g
☐ 청경채	4g

Tip

비뇨기계와 신장
질환이 있는 반려견은
청경채 대신 상추로
대체해 보세요.

**한방 재료
시너지**

맥문동 0.1g 이하(한 꼬집)
맥문동은 폐 기능을 보호하고 기관지를 건조하지 않게 유지해 주는 효과가
있어요. 과한 열을 식히기도 해서 여름철 건강에도 좋은 약재입니다.

⭐ **만드는 법**

① 애호박은 약 1cm의 두께로 잘라서 삶는다.
② 귀리는 10분 이상 삶아서 충분히 익혀둔다.
③ 청경채와 오리고기는 잘게 다져준다. 그리고 2와 3을 잘 섞어 소를 만들어둔다.
④ 익힌 애호박의 속을 제거한 후 섞어놓은 소를 꽉 차게 채운다.
⑤ 팬에 소량의 물을 넣고 4가 타지 않게 구워서 익힌다.
   ＊ 시너지 tip : 팬에서 구울 때 맥문동 가루 한 꼬집 추가

➕ **Plus Point**

① 애호박은 노릇노릇해질 때까지 익혀주세요.
② 상추를 사용할 때 조금 크게 썰어도 괜찮아요.

58
기장

영양 성분(100g당)	탄수화물	단백질	지방	무기질	수분	비타민 B1
열량	71.91g	12.46g	3.09g	1.24g	11.3g	0.41mg

365kcal

맛	■ 단맛	□ 짠맛	□ 신맛	□ 쓴맛	□ 매운맛
성질	□ 차가움(寒)	□ 서늘함(凉)	■ 중간(平)	□ 따뜻함(溫)	□ 뜨거움(熱)

제철
■ 봄　■ 여름
■ 가을　■ 겨울

효능　체력 증강, 위장 강화, 폐 기능 강화

좋은 재료 고르기

낱알이 작고 눈 부분의 반점이 검은색일수록 좋다. 낱알의 색깔은 샛노란 것보다 약간 어두운 노란빛이 도는 것을 선택하도록 하자.

⚠ 주의사항

반려견에게 기장은 소량만 사용하는 것이 원칙이다. 다량 제공은 절대 금지 사항이다.

💛 최고의 짝꿍

철분의 함량이 높은 기장과 철분이 낮은 닭고기를 함께 조리해서 먹이면 상호 보완 효과를 얻을 수 있다.

전문가 한마디

한의사 한마디

"복통이나 설사에 도움이 돼요."

기장은 위장 기능을 강화하며 체력을 북돋는 식재료로 기력이 없어 생기는 복통이나 설사에 도움이 됩니다. 기장만 단독으로 먹이기보다 여러 곡류와 섞어서 먹이는 것이 더 좋습니다.

펫 영양사 한마디

"신진대사를 돕습니다."

기장은 사람에게 아주 오랜 시간 구황작물로 활용된 곡물입니다. 비타민B1, 비타민B2 등이 함유되어 에너지 대사 활성화를 돕습니다.

디톡스에는

아스파라거스오리죽

중금속과 화학물질의 해독에 도움을 주는
적채와 아스파라거스를 활용한 디톡스 특식.

재료	소형견(5kg기준)	9세 이상 노령견(5kg 기준)
☐ 오리고기	47g	42g
☐ 아스파라거스	60g	54g
☐ 적채	11g	10g
☐ 기장	5g	4g

Tip

기장이 없으면
수수로 교체해도
좋아요.

한방 재료 시너지

지각 0.1g 이하(한 꼬집)
지각은 탱자나무 과실을 말린 것으로 순환을 돕고 노폐물을 배출하는 효과가
뛰어나요. 설사 중에는 피하는 게 좋습니다.

★ 만드는 법

① 오리고기와 아스파라거스는 잘게 다져서 믹서로 갈아서 준비해 놓는다.
② 냄비에 1과 기장을 넣고서 자박하게 잠길 정도의 물을 넣고 끓인다.
    ＊ 시너지 tip : 재료를 끓일 때 지각 가루 한 꼬집 추가
③ 적채를 잘게 다진다.
④ 잘게 다진 적채를 2에 넣는다. 적채가 반투명해질 때까지 함께 끓여준다.
⑤ 국물이 졸아들면 그릇에 담는다.

➕ Plus Point

① 적채는 오래 끓이면 천연색소가 모두 밖으로 나오므로 나중에 넣습니다.
② 기장은 익힘 정도를 확인하기가 어려우므로 10분 이상 충분히 가열하는 것이 좋아요.

59 메밀

영양 성분(100g당)	탄수화물	단백질	지방	무기질	수분	마그네슘
열량 **363kcal**	67.84g	13.64g	3.38g	2.04g	13.1g	244mg

맛	■ 단맛	□ 짠맛	□ 신맛	□ 쓴맛	□ 매운맛
성질	□ 차가움(寒)	■ 서늘함(凉)	□ 중간(平)	□ 따뜻함(溫)	□ 뜨거움(熱)

제철	■ 봄 ■ 여름 ■ 가을 ■ 겨울
효능	위장 기능 강화, 변비 완화, 염증 진정

좋은 재료 고르기

메밀의 색이 진한 것보다 약간 밝은 것이 좋다. 낱알은 삼각형 모양으로 모서리가 뾰족한 것이 좋다. 메밀을 구매하기 어려운 경우 메밀가루를 사용해도 좋다.

⚠ 주의사항

많은 양을 급여하면 설사와 구토 유발 가능성이 있다. 완전하게 익혀서 소량만 주어야 한다.

최고의 짝꿍

메밀은 차가운 성질을 갖고 있다. 상대적으로 따뜻한 성질의 달걀과 함께 먹이면 음양의 조화를 이룰 수 있다.

전문가 한마디

한의사 한마디

"염증을 진정시키는 데 도움이 돼요."

메밀은 위장 기능을 도와 소화가 안 되거나 변비가 있을 때 도움이 되는 식재료입니다. 여러 염증을 진정시키는 효과도 있어 염증성 장 질환, 비뇨기나 생식기의 염증성 질환에도 도움이 될 수 있습니다. 속이 냉하다면 과하게 먹지 않는 것이 좋겠습니다.

펫 영양사 한마디

"혈관을 튼튼하게 해줍니다."

메밀은 혈관을 튼튼하게 해줍니다. 다른 곡물에 비해 마그네슘 함량이 높은 편에 속합니다.

구내염에 도움을 주는
블루베리토마토샐러드

반려견의 구취 원인은 매우 다양하다. 그중 하나가 구내염이다.
구강 안의 염증을 완화하는 데 도움이 되는 레시피.

재료	소형견(5kg기준)	9세 이상 노령견(5kg 기준)
☐ 돼지등심	27g	24g
☐ 토마토	55g	50g
☐ 블루베리	22g	20g
☐ 메밀	5g	5g

Tip

메밀 대신 메밀가루
를 활용할 때는 용량을
3g으로 줄여주세요.

한방 재료
시너지

박하 0.1g 이하(한 꼬집)
박하는 구취를 일으키는 열을 제거하고 항균 효과도 가지고 있습니다. 향이 강하
므로 반려견이 냄새에 민감하게 반응한다면 아주 소량만 사용하는 것이 좋아요.

★ 만드는 법

① 돼지등심은 한입 크기로 자른 후 완전하게 익을 때까지 삶는다.
  ＊ 시너지 tip : 돼지등심을 삶는 물에 박하 가루 한 꼬집 추가
② 메밀이 완전히 익을 때까지 15분 이상 삶는다.
③ 토마토는 끓는 물에 살짝 데쳐서 껍질을 벗기고 한입 크기로 잘라서 준비해 둔다.
④ 블루베리는 먹기 좋게 1/2로 잘라준다.
⑤ 그릇에 준비해 둔 재료를 모두 담는다.

✚ Plus Point

① 돼지등심의 불필요한 지방은 제거한 후에 요리하세요.
② 메밀가루를 사용한다면 볶은 메밀가루를 사용하는 것을 추천합니다.

곡류

60
백미

영양 성분(100g당)	탄수화물	단백질	지방	무기질	수분	인
열량 **152**kcal	33.2g	3g	0.1g	0.1g	63.6g	300mg

맛	☐ 단맛	☐ 짠맛	☐ 신맛	☐ 쓴맛	☐ 매운맛

성질	☐ 차가움(寒)	☐ 서늘함(涼)	☐ 중간(平)	☐ 따뜻함(溫)	☐ 뜨거움(熱)

제철 ☐ 봄 ☐ 여름 ☐ 가을 ☐ 겨울

효능 체력 증강, 위장 기능 강화, 지사(止瀉) 작용

 좋은 재료 고르기

쌀을 고를 때는 고유의 색과 투명감, 윤기 등을 함께 가지고 있는 것이 좋다.

건강한 백미

최고의 짝궁

백미와 양배추의 혼합은 반려견의 소화 기관을 편안하게 하는 효과를 얻을 수 있다.

⚠️ **주의사항**

반려견에게 매우 좋은 기능도, 매우 나쁜 기능도 하지 않는 평이한 식재료입니다. 조리 과정을 거쳤기 때문에 급여시 따뜻한 밥이 아닌 찬밥을 활용해도 무방합니다.

전문가 한마디

한의사 한마디

"떨어진 체력을 북돋아 줘요."

쌀은 체력과 위장 기능을 도우며 주요 에너지 공급원으로 사용되는 식재료입니다. 큰 병을 앓거나 체력이 떨어져 입맛이 없을 때 묽지 않게 죽을 만들어 먹이면 좋습니다.

펫 영양사 한마디

"평이한 특성을 가져서 평소에 쉽게 제공할 수 있는 식재료예요."

우리나라 사람의 주식인 백미는 탄수화물과 인은 높고 지방과 미네랄은 낮은 식재료입니다. 소화기에 자극이 있어 민감해졌을 때, 자극을 줄여주고 속을 편안하게 해주는 데 도움이 될 수 있는 식재료입니다.

곡류

61
흑미

영양 성분(100g당)	탄수화물	단백질	지방	무기질	수분	망간
열량	75.31g	7.59g	2.31g	1.29g	13.5g	3.68mg

열량 **365**kcal

맛 ☑ 단맛 ☐ 짠맛 ☐ 신맛 ☐ 쓴맛 ☐ 매운맛

제철
☐ 봄 ☐ 여름
☐ 가을 ☐ 겨울

성질 ☐ 차가움(寒) ☐ 서늘함(凉) ☑ 중간(平) ☐ 따뜻함(溫) ☐ 뜨거움(熱)

효능 체력 증강, 위장 기능 강화, 노화 방지, 눈 건강

 좋은 재료 고르기

낱알이 부서지지 않고 냄새를 맡으면 고유의 곡식 냄새가 진하게 나는 것이 좋은 흑미다.

최고의 짝꿍

흑미와 콩류를 함께 먹이면 서로 부족한 영양소를 보강해 주어 더욱 효율적인 식단을 만들 수 있어요.

⚠ **주의사항**

소화가 매우 더디게 이루어지므로 조리 형태와 가열에 주의가 필요한 식재료입니다.

전문가 한마디

한의사 한마디

"항산화 효과가 있어요."

흑미는 백미와 효능이 비슷합니다. 체력과 위장 기능을 돕습니다. 항산화 효과가 있는 안토시아닌이 있어 노화 방지에도 좋습니다. 성질이 평이해 큰 주의 사항 없이 먹일 수 있겠습니다.

펫 영양사 한마디

"안토시아닌은 눈 건강에 도움이 돼요."

블랙푸드의 대표적인 식재료로 꼽히는 흑미는 검은색과 붉은색이 섞여 있는 특징이 있어요. 겉면의 흑색은 안토시아닌 성분이며 수용성으로 물에 녹는 것이 특징이지요. 안토시아닌은 반려견의 눈을 건강하게 유지하는 데 도움이 됩니다.

62
통밀

영양 성분(100g당)	탄수화물	단백질	지방	무기질	수분	불용성 식이섬유
열량	74.6g	13.2g	1.5g	1.5g	9.2g	14.6g

342kcal

맛	☑ 단맛	☐ 짠맛	☐ 신맛	☐ 쓴맛	☐ 매운맛

제철

5월 ~ 6월

성질	☐ 차가움(寒)	☑ 서늘함(凉)	☐ 중간(平)	☐ 따뜻함(溫)	☐ 뜨거움(熱)

효능	신체 안정, 스트레스 해소, 청열·해열

 좋은 재료 고르기

낱알이 깨지거나 가루가 많은 것을 피하고 고유의 낱알 모양을 잘 유지하고 있는 것을 고르세요. 만졌을 때는 건조가 잘 되었는지 확인해 보세요.

⚠️ **주의사항**

통밀은 곡류 알맹이의 특성상 소화가 잘되지 않는 특징이 있으므로 완전하게 익혀서 주어야 합니다.

💕 **최고의 짝꿍**

통밀과 우유는 영양학적으로 상호 보완 작용을 합니다. 일반적인 밀가루 대신 글루텐이 적은 통밀을 펫푸드로 써보는 것도 좋습니다.

전문가 한마디

한의사 한마디

"스트레스 해소에 좋은 식재료예요."

통밀은 한의학적으로 심장의 불필요한 열을 제거하는 식재료입니다. 스트레스를 받았을 때 생기는 가슴 답답한 증상이나 갈증에 좋습니다. 소화가 잘 안될 때는 주의해서 먹여야 합니다.

펫 영양사 한마디

"불용성 식이섬유가 매우 풍부해요."

통밀은 일반 밀에 비해 영양소가 매우 풍부합니다. 특히 불용성 식이섬유가 매우 풍부해서 반려견의 포만감과 원활한 배변을 돕지요. 펫푸드를 만들 때 밀가루 대신 통밀가루를 활용할 수도 있어요.

곡류

영양 성분(100g당)	탄수화물	단백질	지방	무기질	수분	엽산
열량 **346**kcal	72.29g	11.87g	2.15g	1.09g	12.6g	75ug

63 보리

맛　☑ 단맛　☐ 짠맛　☐ 신맛　☐ 쓴맛　☐ 매운맛

성질　☐ 차가움(寒)　☑ 서늘함(凉)　☐ 중간(平)　☐ 따뜻함(溫)　☐ 뜨거움(熱)

제철　☐ 봄　☑ 여름　☐ 가을　☑ 겨울

효능　소화 촉진, 변비 완화, 이뇨 작용

좋은 재료 고르기

보리는 담황색을 띠며 투명한 것을 고르면 돼요. 낱알은 통통하며 크기가 고른 것이 좋습니다. 조리할 때는 물에 불려서 사용하세요.

 ## 주의사항

수용성 식이섬유가 많아 많은 양을 먹게 되면 설사하거나 변이 물러질 수 있어요. 소량씩 주면서 서서히 양을 늘려나가는 것이 좋아요.

최고의 짝꿍

보리와 메밀은 혼합해서 먹이면 안 됩니다. 혼합해서 다량을 먹이면 설사와 복통을 일으킬 수 있습니다.

전문가 한마디

한의사 한마디

"소화를 돕고 변비에 좋은 식재료예요."

보리는 위장 기능을 도와 소화를 돕고 변비에도 좋습니다. 이뇨 작용이 있어 소변이 잘 나오지 않는 증상에도 도움이 됩니다. 분만을 촉진할 우려가 있어 임신 중에는 주지 않는 게 좋습니다.

펫 영양사 한마디

"식이섬유와 엽산이 풍부해요."

보리는 체중 감량에 도움이 되는 식재료예요. 엽산이 풍부한 특징도 가지고 있어요.

64
조

영양 성분(100g당)	탄수화물	단백질	지방	무기질	수분	아연
열량	72.81g	10.7g	3.7g	1.39g	11.4g	4.13mg

372kcal

맛	☑ 단맛	☑ 짠맛	☐ 신맛	☐ 쓴맛	☐ 매운맛
성질	☐ 차가움(寒)	☑ 서늘함(凉)	☐ 중간(平)	☐ 따뜻함(溫)	☐ 뜨거움(熱)

제철
☑ 봄 ☑ 여름
☑ 가을 ☑ 겨울

효능 위장 기능 강화, 신장 기능 강화, 진액 생성

 좋은 재료 고르기

낱알은 작고 가루 날림이 없는 것을 고른다. 윤기가 없을수록 좋은 조이기 때문에 윤기가 적은 것을 선택하도록 하자.

최고의 짝꿍

엽산이 풍부한 조와 철분이 많이 소간의 조합은 혈액 관리와 생성에도 유용하다.

⚠ **주의사항**

조는 차조, 메조 등 다양한 종류가 있다. 종류에 상관없이 사용할 수 있지만, 소량만 주는 것이 좋다.

전문가 한마디

한의사 한마디

"체력을 강화하는 데 도움이 돼요."

조는 한의학적으로 위장과 신장 기능을 돕는다고 알려져 있습니다. 체력이 떨어져서 생기는 허열(虛熱), 식욕부진에도 좋습니다. 체력이 극도로 약해졌을 때 찹쌀과 함께 죽을 해 먹이면 도움이 됩니다.

펫 영양사 한마디

"모질 관리에 도움을 줘요."

조는 항산화 작용이 있어서 체내 활성 산소 제거에도 도움을 줍니다. 아연을 풍부하게 함유하고 있어 피부와 모질 관리에도 도움을 줄 수 있어요.

영양 성분(100g당)	탄수화물	단백질	지방	무기질	수분	인
열량	37.3g	3.3g	0.2g	0.7g	58.5g	143mg

65 현미

열량
167kcal

맛 ☑ 단맛 ☐ 짠맛 ☐ 신맛 ☐ 쓴맛 ☐ 매운맛

성질 ☐ 차가움(寒) ☐ 서늘함(凉) ☑ 중간(平) ☐ 따뜻함(溫) ☐ 뜨거움(熱)

제철
☐ 봄 ☐ 여름
☐ 가을 ☐ 겨울

효능 체력 증강, 변비 완화, 혈액 순환 촉진

 좋은 재료 고르기

가루 날림이 적고 윤기가 많으며 쌀알이 힘없이 부서지지 않는 것이 좋다. 알곡 대신 현미 가루를 사용해도 괜찮다.

최고의 짝꿍

현미는 다시마와 잘 어우러진다. 설사에 도움을 줄 수 있는 음식 조합이므로 참고하자.

⚠ 주의사항

백미보다 소화가 어려워 반드시 익혀서 주어야 한다. 제공 형태를 체크할 필요가 있다.

전문가 한마디

한의사 한마디

"변비와 혈관 건강에 도움이 돼요."

현미는 벼에서 왕겨만 제거한 알맹이로 백미와 비슷하게 체력을 강화해 주지만, 백미보다 식이섬유가 많고 리놀레산이 많아 변비와 혈관 건강에 더 좋은 식재료입니다.

펫 영양사 한마디

"영양이 우수한 식재료예요."

현미는 영양이 우수한 식재료다. 인을 포함하여 마그네슘 등의 함량이 높은 편에 속한다. 인이 높은 식재료는 신장 질환과 결석이 있는 반려견에게 위험할 수 있어 보호자의 주의가 필요하다.

영양 성분(100g당)	탄수화물	단백질	지방	무기질	수분	엽산
열량	26.66g	11.29g	0.67g	1.38g	60g	174ug

열량 158kcal

맛	■ 단맛	□ 짠맛	□ 신맛	□ 쓴맛	□ 매운맛

제철
9월 ~ 10월

성질	■ 차가움(寒)	□ 서늘함(凉)	□ 중간(平)	□ 따뜻함(溫)	□ 뜨거움(熱)

효능 청열 · 해열, 이뇨 작용, 갈증 해소, 해독, 피부 보호

 좋은 재료 고르기

너무 진한 녹색을 고르지 않고 녹색과 갈색이 섞여 있는 것을 고르는 것이 좋다. 비볐을 때 하얀 가루가 나오는 것이 좋다.

최고의 짝꿍

녹두는 차가운 성질을 갖은 식재료로 상대적으로 따뜻한 성질을 가지는 닭고기와 함께 제공하면 음양의 조화를 이룰 수 있다.

⚠ 주의사항

칼륨의 함량이 높아 신장 기능이 약한 반려견에게는 주의해서 주어야 합니다. 반드시 완전히 익혀서 제공해야 소화에 부담을 주지 않아요.

전문가 한마디

한의사 한마디

"해독작용이 뛰어나요."

녹두는 불필요한 열을 제거하여 갈증을 해소하는 식재료예요. 특히 여름철 더위로부터 몸을 지키는 데 좋습니다. 예로부터 해독작용이 뛰어난 음식으로도 알려져 있어요. 설사 중에는 먹지 않도록 합니다.

펫 영양사 한마디

"영양이 우수한 식재료예요."

녹두는 콩류의 하나로 다양한 영양소를 함유하고 있습니다. 항산화 작용을 돕는 엽산과 셀레늄이 함유되어 있고 아연도 풍부한 식재료입니다.

67
두부

영양 성분(100g당)	탄수화물	단백질	지방	무기질	수분	페닐알라닌
열량	3.75g	9.62g	4.63g	0.8g	81.2g	454mg

97kcal

맛	■ 단맛	□ 짠맛	□ 신맛	□ 쓴맛	□ 매운맛

제철
□ 봄 □ 여름
□ 가을 □ 겨울

성질	□ 차가움(寒)	■ 서늘함(凉)	□ 중간(平)	□ 따뜻함(溫)	□ 뜨거움(熱)

효능　청열·해열, 진액 생성, 체력 증강, 위장 기능 강화

 좋은 재료 고르기

콩에 응고제를 넣어 압착한 것이 두부이기 때문에 첨가물의 유무를 확인하는 것이 좋다. 또한 반려견에게 사용할 때는 첨가물의 제거를 위해 끓는 물에 삶아낸 것을 사용해야 한다.

⚠ **주의사항**

두부는 콩을 주원료로 만들어진 식물성 단백질 식품입니다. 동물성 단백질이 중요한 반려견에게는 주된 식재료로 사용할 수 없어요. 소량씩 보조 단백질로 제공하는 것은 괜찮아요.

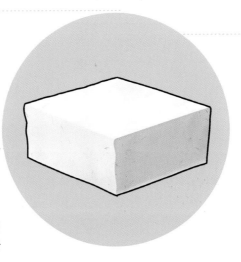

♥ **최고의 짝꿍**

두부와 시금치는 궁합이 좋지 않으므로 같이 먹이지 않아야 한다. 칼슘이 풍부한 시금치에 두부를 더하면 칼슘 과다가 되거나 수산 칼슘이 만들어질 수 있어 주의해야 한다.

전문가 한마디

한의사 한마디

"여름철 무더위에 좋은 식재료예요."

두부는 불필요한 열을 살짝 식혀주며 위장 기능을 도와 체력 보강에 좋습니다. 여름철 더위로 갈증이 생기고 지쳤을 때 잘 맞는 영양이 풍부한 식재료지요. 통풍이 있는 경우 주의가 필요합니다.

펫 영양사 한마디

"부드러워 모든 나이에 쉽게 먹일 수 있어요."

두부는 부드러운 제형으로 어린 반려견부터 노령의 반려견에게까지 모두 사용할 수 있는 식재료예요. 수분이 풍부해 포만감이 빨리 드는 것도 특징이지요. 필수 아미노산인 페닐알라닌이 함유되어 있습니다.

췌장 관리 Recipe

췌장에 부담이 적은 건강식
가자미두부조림

각종 소화 효소 분비를 담당하는 췌장의 건강을 위한 레시피.
소화에 도움이 되는 두부와 췌장에 부담을 주지 않는
사과를 활용한 건강식.

재료	소형견(5kg기준)	9세 이상 노령견(5kg 기준)
☐ 가자미순살	28g	25g
☐ 두부	28g	25g
☐ 사과	50g	45g

Tip

가자미순살이 없을 때
참치순살로
대체하세요.

한방 재료 시너지

백출 0.1g 이하(한 꼬집)
삽주의 뿌리를 건조시킨 약재. 전반적인 위장 기능을 강화하며 혈중 지질 농도를 떨어뜨리는 데 도움이 됩니다. 소화가 잘 안되는 반려견에게 규칙적으로 챙겨 먹여도 좋아요.

★ 만드는 법

① 가자미순살을 끓는 물에 충분히 데쳐 염분을 제거하고 깍뚝썰기를 해놓는다.
    ＊ 시너지 tip : 가자미순살을 데칠 때 백출 가루 한 꼬집 추가
② 두부도 정사각형으로 잘라서 끓는 물에 데쳐 염분을 제거해 놓는다.
③ 사과는 껍질과 함께 강판에 갈아서 준비해 둔다.
④ 팬에 데친 가자미와 두부를 담고 갈아둔 사과를 넣은 후에 사과즙이 졸아들 때까지 볶는다.

➕ Plus Point

① 가자미순살을 물속에서 익히면 살이 풀어질 수 있어요. 국자에 담아서 중탕하듯 익히면 도움이 됩니다.

콩류

68
렌틸콩

영양 성분(100g당)	탄수화물	단백질	지방	무기질	수분	구리
열량 **359**kcal	65.42g	21.01g	1.43g	2.54g	9.6g	0.76mg

맛	☑ 단맛	☐ 짠맛	☐ 신맛	☐ 쓴맛	☐ 매운맛

제철
☑ 봄　☑ 여름
☑ 가을　☑ 겨울

성질	☐ 차가움(寒)	☐ 서늘함(凉)	☑ 중간(平)	☐ 따뜻함(溫)	☐ 뜨거움(熱)

효능　체력 증강, 혈당 조절, 변비 완화

 좋은 재료 고르기

고유의 둥근 렌틸콩 모양을 잘 유지하고 있는 것을 고른다. 노란색과 갈색의 두 가지 종류가 있는데 반려견에게는 두 가지 모두 사용할 수 있다.

⚠ **주의사항**

많은 양을 먹이면 소화 불량이 될 수 있으니 주의가 필요하다.

건강한 렌틸콩

💕 **최고의 짝꿍**

현미와 렌틸콩을 함께 주지 않습니다. 두 식재료 모두 피틴산 성분이 많아 같이 먹으면 아연의 흡수를 방해할 수 있기 때문이에요.

전문가 한마디

한의사 한마디

"고단백의 영양소가 풍부해요."

렌틸콩은 고단백의 영양소가 풍부한 식재료예요. 기력을 보충해 줄 뿐 아니라 혈당과 콜레스테롤 수치를 떨어뜨리는 효능도 있습니다.

펫 영양사 한마디

"식이섬유와 식물성 단백질이 풍부해요."

렌틸콩은 다른 콩류에 비해 익히는 시간이 짧아 활용도가 높습니다. 식이섬유와 식물성 단백질, 엽산, 구리가 풍부하며 비타민B군도 함량이 높습니다. 당뇨병을 앓고 있는 반려견에게 좋습니다.

143

69
검은콩

영양 성분(100g당)	탄수화물	단백질	지방	무기질	수분	비타민 E
열량 **184**kcal	12.71g	17.99g	6.79g	1.91g	60.6g	5.76mg

맛	☑ 단맛	☐ 짠맛	☐ 신맛	☐ 쓴맛	☐ 매운맛
성질	☐ 차가움(寒)	☐ 서늘함(凉)	☑ 중간(平)	☐ 따뜻함(溫)	☐ 뜨거움(熱)

제철 9월 ~ 10월

효능 이뇨 작용, 혈액 순환 촉진, 위장 기능 강화, 신장 기능 강화

 좋은 재료 고르기

윤기가 있으며 고유의 검은 색이 균일하게 분포된 것이 좋다.

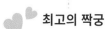 **최고의 짝꿍**

검은콩과 미역을 함께 먹이면 뼈를 튼튼하게 해주어 좋은 시너지를 낼 수 있다.

 주의사항

검은콩은 가열해도 잘 익지 않기 때문에 완전하게 익었는지 확인하고서 사용해야 해요. 생으로 제공하면 소화가 매우 어려워 주의가 필요합니다.

전문가 한마디

 한의사 한마디

"에스트로겐과 유사한 작용을 해요."

검은콩은 이뇨 작용과 해독 효과가 있어 비뇨기계 질환 회복에 도움이 됩니다. 혈액 순환을 돕고 에스트로겐과 유사한 작용이 있어 부인과 질환에도 좋습니다. 설사를 할 때는 주의해야 합니다.

 펫 영양사 한마디

"노폐물 배출에 도움을 줍니다."

검은콩은 반려견에게 무난한 식재료입니다. 좋은 에너지원이기도 하고 이뇨 작용으로 노폐물의 배출을 돕기도 하지요. 풍부한 비타민E는 항산화에 도움을 줄 수 있습니다.

혈액 순환을 돕는
콜리플라워무침

혈액 순환에 도움이 되는 콜리플라워와 검은콩을 활용한 특식으로
순환기계 관리에 도움이 되는 요리입니다.

재료	소형견(5kg기준)	9세 이상 노령견(5kg 기준)
☐ 소홍두깨살	32g	28g
☐ 콜리플라워	110g	99g
☐ 검은콩	14g	12g

Tip

콜리플라워가 없을
때는 브로콜리로
대체하세요.

한방 재료 시너지

단삼 0.1g 이하(한 꼬집)
단삼은 혈전을 제거하고 혈관을 튼튼하게 해서 혈액 순환을 돕습니다. 혈압을
떨어뜨리는 효과도 있어 고혈압이 있는 반려견에게 잘 맞아요.

★ 만드는 법

① 콜리플라워는 식감이 부드러워질 때까지 삶은 후 믹서로 갈아둔다.

② 검은콩은 완전히 익을 때까지 20분 이상 삶아서 준비한다.

③ 소홍두깨살은 한입 크기로 자른 후 완전히 익을 때까지 삶는다.
  * 시너지 tip : 소홍두깨살을 삶는 물에 단삼 가루 한 꼬집 추가

④ 준비된 3가지의 모든 재료를 넣어 잘 섞이도록 버무린다

➕ Plus Point

① 검은콩은 익히는 시간이 많이 소요되므로 미리 5시간 이상 물에 불려두세요.

② 콜리플라워의 색깔이 약간 노랗게 변할 때까지 가열해 주세요.

70
완두콩

영양 성분(100g당)	탄수화물	단백질	지방	무기질	수분	비타민 B6
열량	18.5g	8.3g	0.2g	0.8g	72.2g	0.09mg
110kcal	맛	☑ 단맛	☐ 짠맛	☐ 신맛	☐ 쓴맛	☐ 매운맛
제철	성질	☐ 차가움(寒)	☐ 서늘함(凉)	☑ 중간(平)	☐ 따뜻함(溫)	☐ 뜨거움(熱)
4월 ~ 6월	효능	소화 촉진, 장 기능 강화 유즙 분비 촉진				

 좋은 재료 고르기

깍지째로 구매할 때 껍질의 색상이 선명한 녹색이며 눌러보아 빈 공간이 없는 것을 고르도록 하자. 콩만 구매할 때 모양이 둥글고 초록색이 균일하게 분포된 것으로 고르자.

⚠️ **주의사항**

칼륨 함량이 높아서 소량씩 제공해야 한다. 다량을 먹으면 고칼륨혈증 등의 또 다른 문제를 만드는 원인이 될 수 있다.

💕 **최고의 짝꿍**

완두콩과 돼지고기를 함께 먹으면 완두콩의 비타민B1과 돼지고기의 비타민B1이 만나 시너지를 줄 수 있어요.

전문가 한마디

한의사 한마디
"위장 기능에 도움을 줘요."

완두콩은 위장 기능을 돕고 비위가 허약해 입맛이 없을 때도 도움이 됩니다. 성질이 평이해서 특별히 주의할 점 없이 편하게 먹어도 좋습니다.

펫 영양사 한마디
"비타민이 다양해요."

완두콩은 다양한 간식과 자연식, 사료에서 많이 사용되는 식재료 중 하나입니다. 비타민B6와 비타민K 등이 풍부합니다. 비타민K는 뼈를 튼튼하게 하고 혈액 응고를 돕는 영양소예요.

영양 성분(100g당)	탄수화물	단백질	지방	무기질	수분	칼슘
열량 **39**kcal	9.9g	0.7g	0.1g	0.3g	89g	13mg

맛	☑ 단맛	☐ 짠맛	☑ 신맛	☐ 쓴맛	☐ 매운맛
제철 10월 ~ 1월	성질	☐ 차가움(寒) ☐ 서늘함(凉) ☑ 중간(平) ☐ 따뜻함(溫) ☐ 뜨거움(熱)			

효능   기혈 순환 촉진, 소화 촉진, 노폐물 제거, 진액 보충, 피부 보호

 좋은 재료 고르기

껍질이 얇은 것을 선택하는 것이 좋다. 귤을 장기 보관하기 위해 피막제를 바르는 예도 있어 겉의 표면에 윤기가 적은 것을 선택하도록 하자.

최고의 짝꿍

귤과 고구마에는 비타민C를 함유하며 기호성도 우수하다. 두 가지 식재료를 함께 주면 체내 면역력을 높이는 데 효과가 있어 유용하다.

⚠ **주의사항**

급여시 겉껍질, 속껍질 모두를 제거하고 알맹이만 주는 것이 소화에 유리해요. 당뇨 질환이나 만성 질환을 앓고 있는 반려견은 전문가와 상담 후에 주어야 합니다.

전문가 한마디

한의사 한마디

"노폐물 제거 효능이 뛰어나요."

귤은 기혈 순환을 돕고 노폐물을 제거하는 효능이 뛰어납니다. 귤껍질도 동일한 효능이 있어 가래 같은 담음(痰飮), 체기에 아주 좋습니다. 위장이 약한 경우 과하게 먹었을 때 속쓰림이 있을 수 있어 주의가 필요합니다.

펫 영양사 한마디

"비타민C가 풍부해요."

귤은 반려견이 먹을 수 있는 대표적인 과일입니다. 비타민C가 풍부하고 과일 중 칼슘의 함유량도 높은 편에 속합니다. 제철 과일을 제공하는 것을 추천하고 당뇨 질환이나 기타 만성 질환을 앓고 있는 반려견은 전문가와 상담 후에 주도록 합니다.

147

영양 성분(100g당)	탄수화물	단백질	지방	무기질	수분	비타민C
열량	8.9g	0.8g	0.2g	0.4g	89.7g	71mg

36kcal

맛	■ 단맛	☐ 짠맛	■ 신맛	☐ 쓴맛	☐ 매운맛

제철

1월 ~ 5월

성질	■ 차가움(寒)	☐ 서늘함(凉)	☐ 중간(平)	☐ 따뜻함(溫)	☐ 뜨거움(熱)

효능	청열·해열, 갈증 해소, 소화 촉진

 좋은 재료 고르기

꼭지가 신선한 것을 선택하도록 한다. 표면의 윤기가 많이 흐를수록 신선한 딸기이다.

최고의 짝꿍

딸기와 반려동물 우유를 함께 주면 좋은 조합이 될 수 있다. 우유의 칼슘 흡수를 딸기가 도와주기 때문이다.

 **주의사항**

반려견에게 제공할 때는 소량만 제공하도록 한다. 많은 양을 먹으면 고칼륨혈증을 일으켜 부정맥 등의 부작용을 일으킬 수 있다.

전문가 한마디

한의사 한마디

"열을 식히고 갈증을 해소해 주어요."

딸기는 성질이 차가워 열을 식히고 갈증을 해소할 수 있는 과일입니다. 체했을 때 소화를 도와주기도 합니다. 성질이 차기 때문에 속이 냉한 경우 미지근하게 데워 소량만 먹이는 것이 좋습니다.

펫 영양사 한마디

"소화와 면역력에 도움을 줘요."

딸기는 비타민C, 비타민A, 식이섬유 등이 풍부해 소화와 면역력에 도움을 줍니다. 우유와도 궁합이 좋아 영양간식으로 제격입니다.

피부 알레르기를 완화하는
오리고기브로콜리볶음

피부 알레르기를 완화하는 데 도움을 주는 특식.
피부 알레르기 유발 가능성이 다소 낮은 오리고기와 콜라겐 합성에
도움이 되는 비타민C가 풍부한 재료로 구성된 레시피.

재료	소형견(5kg기준)
☐ 오리고기	47g
☐ 브로콜리	51g
☐ 딸기	12g
☐ 병아리콩	5g
☐ 올리브유	1g

Tip

올리브유가 없을 때
코코넛오일로 대체해
보세요.

한방 재료 시너지

길경 0.1g 이하(한 꼬집)
길경(도라지)은 알레르기 반응을 진정시키고 피부를 보호하는 효능이 있어요. 항염증 작용이 있어서 염증성 피부 질환에 두루 도움이 되지요.

★ 만드는 법

① 오리고기는 다지고 브로콜리는 한입 크기로 잘라둔다.
② 미리 불려둔 병아리콩과 브로콜리를 함께 삶는다.
③ 딸기도 한입 크기로 자른다.
④ 팬에 올리브유를 넣고 다진 오리고기, 삶은 브로콜리와 병아리콩을 함께 볶는다.
    ＊ 시너지 tip : 팬에 볶을 때 길경 가루를 한 꼬집 추가
⑤ 볶은 음식을 담고 그 위에 딸기로 장식한다.

➕ Plus Point

① 병아리콩은 익히는 시간이 매우 오래 걸리므로 물에 8시간 이상 불려주는 것이 좋다.
② 소화력이 약한 반려견에게는 완전히 익은 병아리콩을 갈아서 넣어도 좋아요.

영양 성분(100g당)	탄수화물	단백질	지방	무기질	수분	칼륨
열량 **40**kcal	9.64g	1.5g	0.04g	0.72g	88.1g	374mg
맛	■ 단맛	□ 짠맛	□ 신맛	□ 쓴맛	□ 매운맛	
성질	■ 약간 차가움(冷) □ 서늘함(凉) □ 중간(平) □ 따뜻함(溫) □ 뜨거움(熱)					

제철 7월 ~ 10월

효능 청열·해열, 이뇨 작용, 더위 해소

 좋은 재료 고르기

껍질에 있는 네트 무늬의 유무와 상관없이 먹일 수 있어요. 냄새를 맡았을 때 멜론 향이 진할수록 잘 익은 것입니다.

⚠ **주의사항**

신장 기능이 저하된 반려견은 칼륨의 제한이 필요할 수 있어 반드시 먹이는 양에 주의가 필요합니다.

최고의 짝꿍

멜론의 풍부한 칼륨과 우유의 동물성 단백질이 만나 혈관을 부드럽게 만들어줘요. 노화로 인한 혈관 관리가 필요한 반려견에게 유용할 수 있습니다.

전문가 한마디

한의사 한마디

"이뇨 작용에 도움을 줘요."

멜론은 더위로 생긴 열을 식혀주고 갈증과 답답한 증상을 해소해 줍니다. 이뇨 작용이 있어 소변이 잘 나오지 않는 증상에도 좋습니다. 소화가 잘 안되거나 설사가 있을 때는 피하는 게 좋습니다.

펫 영양사 한마디

"체내의 나트륨을 배출시켜요."

단맛을 느낄 수 있는 반려견의 미각 때문에 매우 좋아하는 과일 중 하나예요. 칼륨의 함유량이 풍부하여 체내의 나트륨의 농도를 낮추거나 배출하는 데 도움을 줄 수 있지만 신장 기능이 저하된 반려견에게는 주의가 필요합니다.

74
바나나

영양 성분(100g당)	탄수화물	단백질	지방	무기질	수분	마그네슘
열량 **84kcal**	21.94g	1.1g	0.1g	0.76g	76.1g	28mg

맛	■ 단맛	□ 짠맛	□ 신맛	□ 쓴맛	□ 매운맛

제철
- □ 봄 □ 여름
- □ 가을 □ 겨울

성질	□ 차가움(寒)	■ 서늘함(凉)	□ 중간(平)	□ 따뜻함(溫)	□ 뜨거움(熱)

효능 청열·해열, 폐 기능 강화, 장 기능 강화

좋은 재료 고르기

바나나의 껍질은 노란색이 진한 것이 좋다. 줄기 부분이 거무스름하다면 신선도가 떨어지는 것. 푹 익거나 설익은 바나나보다는 적당히 익은 것을 고른다.

⚠ 주의사항

칼륨이 매우 풍부합니다. 신장과 심장 기능이 저하되었다면 반드시 주의가 필요합니다.

최고의 짝꿍

바나나와 파인애플을 같이 주는 것은 영양학적으로 보완이 된다. 바나나는 당질이 풍부하지만 구연산이 적다. 파인애플이 그 부분을 보강해 줄 수 있다.

전문가 한마디

한의사 한마디
"변비를 예방해 줘요."

바나나는 과한 열을 식혀주는 과일이에요. 한의학적으로 폐와 장의 열을 식혀 건조한 폐를 윤택하게 하고 변비를 예방하는 효능이 있습니다. 성질이 서늘하므로 설사 중에는 주의해서 먹여야 해요.

펫 영양사 한마디
"마그네슘이 풍부해 뼈 건강에 도움이 돼요."

탄수화물 함량이 높고 마그네슘이 풍부한 편입니다. 마그네슘은 이빨과 뼈의 건강을 유지하는 데 도움을 주는 보효소로 작용합니다. 비타민B군도 풍부하여 신진대사를 촉진합니다.

과일류

75
배

영양 성분(100g당)	탄수화물	단백질	지방	무기질	수분	나트륨
열량 **46**kcal	12.35g	0.3g	0.04g	0.31g	87g	미량

맛	☑ 단맛	☐ 짠맛	☑ 신맛	☐ 쓴맛	☐ 매운맛
성질	☐ 차가움(寒)	☑ 서늘함(凉)	☐ 중간(平)	☐ 따뜻함(溫)	☐ 뜨거움(熱)

제철 9월 ~ 11월

효능 청열 · 해열, 진액 생성, 노폐물 제거

 좋은 재료 고르기

껍질에는 상처가 없으면서 묵직한 무게감이 드는 것이 좋다. 여러 종류의 배가 있지만 사람이 먹는 기본 배를 고르도록 하자.

 **주의사항**

매우 드물게 알레르기 반응이 있는 반려견이 있다. 알레르기 여부를 체크한 후에 먹이자.

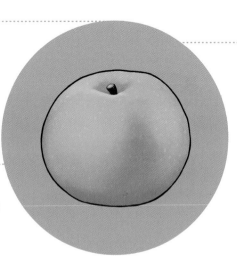

최고의 짝궁

배와 오이는 모두 수분이 풍부한 식재료다. 이 두 가지를 함께 주면 이뇨 작용에 시너지를 줄 수 있다.

전문가 한마디

한의사 한마디

"호흡기 건강에 좋습니다."

배는 호흡기에 특히 좋은 과일이다. 호흡기의 과한 열을 식히고 노폐물의 일종인 담음(痰飮)을 제거해 몸의 회복을 돕습니다. 설사가 있거나 배가 찰 때는 먹지 않는 게 좋습니다.

 **펫 영양사 한마디**

"수분은 풍부, 나트륨은 없어요."

배의 큰 특징은 나트륨의 함량이 매우 미량임에도 수분이 풍부하다는 것입니다. 배의 껍질과 씨는 반드시 제거해서 주어야 합니다.

감기를 예방하는
돼지고기배잡채

감기를 예방하고 완화하기 위한 특식.
호흡기계 자극 억제에 도움을 주는 배를 이용하여
입맛도 북돋는 레시피.

재료	소형견(5kg기준)
☐ 돼지등심	27g
☐ 배	20g
☐ 브로콜리	34g
☐ 감자	23g

Tip

배는 30g까지
주어도 좋아요.

한방 재료 시너지

갈근 0.1g 이하(한 꼬집)
칡뿌리인 갈근은 감기를 예방, 치료하고 근육통을 회복시키는 약재. 감기
초기에 먹이면 감기가 오래가지 않고 빨리 진정됩니다.

★ 만드는 법

① 돼지등심은 채썰기를 한 후 완전히 익을 때까지 볶아준다.
  * 시너지 tip : 돼지등심을 볶을 때 갈근 가루 한 꼬집 추가
② 감자와 배도 채썰기를 해둔다.
③ 브로콜리는 한입 크기로 자르고 채 썬 감자와 함께 익을 때까지 볶아준다.
④ 1, 2, 3의 재료를 모두 섞은 후 그릇에 담는다.

➕ Plus Point

① 돼지등심에 지방이 있는 경우 제거해 주세요.
② 배를 익혀서 조리해도 좋아요.

과일류

76
사과

영양 성분(100g당)	탄수화물	단백질	지방	무기질	수분	엽산
열량 53kcal	14.36g	0.2g	0.03g	0.21g	85.2g	3ug
맛	■ 단맛	□ 짠맛	■ 신맛	□ 쓴맛	□ 매운맛	
제철 10월 ~ 12월						
성질	□ 차가움(寒)	■ 서늘함(凉)	□ 중간(平)	□ 따뜻함(溫)	□ 뜨거움(熱)	
효능	체력 증강, 소화 촉진, 진액 생성, 피부 보호, 피로 회복					

 좋은 재료 고르기

꼭지가 마르지 않고 껍질이 매끈하며 윤기가 있는 것을 고른다. 들었을 때 묵직한 느낌이 드는 것이 좋다.

⚠️ **주의사항**

사과는 껍질을 깨끗하게 세척해서 주어도 무방하나 씨는 반드시 제거해서 주는 것이 좋다.

💕 **최고의 짝꿍**

사과와 토마토는 궁합이 좋다. 토마토의 소화를 돕는 성분과 사과의 식이섬유가 만나 소화에 좋은 효과를 기대할 수 있다.

전문가 한마디

한의사 한마디

"소화를 돕고 체력을 보충해 줘요."

사과는 소화를 돕고 체력을 보충해 줍니다. 진액 생성을 돕기도 해서 여름철 체력이 떨어졌을 때도 좋은 과일입니다. 체질이 냉한 경우 많은 양을 먹이지 않습니다.

펫 영양사 한마디

"엽산과 구연산을 함유하고 있어요."

반려견이 좋아하는 과일 중 하나예요. 엽산과 구연산을 함유하고 있습니다. 구연산은 피로 해소에 도움이 됩니다. 수용성 식이섬유가 풍부해 장내 최적의 환경을 만드는 데도 도움을 줍니다.

피부 염증에 도움이 되는
돼지고기사과죽

원인이 불분명한 피부 염증이 생긴 경우 염증 완화에
도움을 주는 특식. 피부의 보습을 돕는 오트밀과 수분이 풍부한
새송이버섯이 활용됩니다.

재료	소형견(5kg기준)
☐ 돼지등심	27g
☐ 사과	33g
☐ 새송이버섯	49g
☐ 오트밀	2g

Tip

돼지등심이 없을 때는
돼지뒷다리살로 대체
해 보세요.

**한방 재료
시너지**

자근 0.1g 이하(한 꼬집)
자근은 '지치'라는 식물의 뿌리에요. 피부 염증을 일으키는 열을 식히면서
진정시키는 효능이 있지요. 성질이 찬 편이라 설사 중에는 주의해야 해요.

★ 만드는 법

① 사과는 껍질째로 갈아서 준비한다.
   ＊ 시너지 tip : 갈아둔 사과에 자근 가루를 한 꼬집 추가
② 새송이버섯을 믹서로 갈아서 오트밀과 섞어서 냄비에 익힌다.
③ 돼지등심은 한입 크기로 잘라서 완전히 익을 때까지 삶는다.
④ 익힌 새송이버섯과 오트밀에 돼지등심을 넣고 걸쭉하게 섞는다.
⑤ 걸쭉해진 4에 갈아둔 사과를 넣어 잘 혼합한다.

➕ Plus Point

① 새송이버섯은 익히는 시간이 긴 편이므로 충분히 가열해 주세요.
② 사과는 반려견이 좋아하는 맛이므로 함께 넣으세요.

과일류

77
수박

영양 성분(100g당)	탄수화물	단백질	지방	무기질	수분	비타민 B5
열량	7.83g	0.79g	0.05g	0.23g	91.1g	0.53mg

열량 31kcal

제철 7월 ~ 8월

맛	☑ 단맛	☐ 짠맛	☐ 신맛	☐ 쓴맛	☐ 매운맛
성질	☐ 차가움(寒)	☑ 서늘함(凉)	☐ 중간(平)	☐ 따뜻함(溫)	☐ 뜨거움(熱)

효능 청열 · 해열, 더위 및 갈증 해소, 이뇨 작용, 혈압 강하

 좋은 재료 고르기

줄무늬가 선명할수록 잘 익었을 가능성이 높다. 과육의 색이 붉을수록 당도가 높으며 빨간 과육은 물론 흰색 과육 부분도 먹일 수 있다.

⚠ **주의사항**

당도가 매우 높아 조금씩만 먹이는 것이 좋다. 흰 과육 부분을 준다면 얇게 다져서 사용하자.

💕 **최고의 짝꿍**

수박과 멜론은 둘 다 이뇨 효과가 있어 함께 섭취하면 체내의 불필요한 나트륨을 배출하는 데 유용하다.

전문가 한마디

한의사 한마디
"이뇨 작용으로 부종을 해소해요."

대표적인 여름 과일. 더위를 식히고 수분을 보충해 줍니다. 이뇨 작용이 있어 부종을 해소하고 혈압을 떨어뜨려 줍니다. 성질이 차기 때문에 설사하는 경우 먹이지 않는 게 좋습니다.

펫 영양사 한마디
"비타민B5가 신진대사를 도와줘요."

90% 이상이 수분으로 이루어져 있습니다. 비타민을 다양하게 함유하고 있지만 그중에서도 비타민B5가 풍부합니다. 비타민B5는 신진대사에 도움을 줍니다. 이뇨 작용이 있어 반려견의 체내 노폐물 배출에도 유용합니다.

무더위에는
수박대구화채

반려견의 체온은 사람보다 높아 더위에 취약한 경우가 많다.
여름철에 더위 해소와 해열 작용이 있는
가지, 수박 등을 활용한 여름철 특식.

재료	소형견(5kg)기준
☐ 대구순살	68g
☐ 가지	98g
☐ 수박	54g
☐ 새싹채소	8g

Tip

수박이 없을 때
배로 대체하세요.

한방 재료 시너지

생지황 0.1g 이하(한 꼬집)
생지황은 과한 열을 식히면서 체력을 북돋아 주는 약재. 맥문동과 함께 여름철
건강에 매우 좋은 약재입니다. 맥문동보다 체력 보강 효과가 더 뛰어나요.

★ 만드는 법

① 대구순살와 가지는 한입 크기로 자른 후 끓는 물에 삶는다.
　＊ 시너지 tip : 대구순살과 가지를 삶는 물에 생지황 가루 한 꼬집 추가
② 수박은 껍질을 제거한 후 과육을 먹기 좋은 크기로 자른다.
③ 그릇에 물을 소량 넣고 삶은 대구와 삶은 가지 그리고 수박을 담는다.
④ 새싹채소를 올려준다.

➕ Plus Point

① 잘 익지 않은 가지는 독성이 있을 수 있으므로 완전히 익혀주세요.
② 수박은 빨간 과육과 흰 과육 모두 사용할 수 있어요.
③ 대구순살은 염분이 있을 수 있으니 한번 데쳐서 염분을 제거한 후 조리에 사용하세요.
④ 얼음을 조금 갈아서 넣어도 좋아요.

과일류

78
블루베리

영양 성분(100g당)	탄수화물	단백질	지방	무기질	수분	비타민 K
열량	12.57g	0.55g	0.09g	0.19g	86.6g	25.9ug

48kcal

제철

7월 ~ 9월

맛	■ 단맛	□ 짠맛	■ 신맛	■ 쓴맛	□ 매운맛
성질	□ 차가움(寒)	□ 서늘함(凉)	□ 중간(平)	■ 따뜻함(溫)	□ 뜨거움(熱)

효능 　이뇨 작용, 해독, 눈 건강, 노화 방지

 좋은 재료 고르기

블루베리 고유의 색이 진할수록 잘 익은 것이다. 겉면의 하얀 과분은 유해한 것이 아니며 균일하게 분포가 되어 있는 것을 고른다. 생블루베리, 냉동 블루베리 어떤 것을 먹여도 무방하다.

⚠ **주의사항**

많은 양을 먹으면 위산이 과다 분비될 수 있으니 소량씩 주도록 하세요.

💕 **최고의 짝꿍**

블루베리와 무염 치즈의 매우 좋다. 각각의 부족한 영양소를 보완해 주면서 서로 흡수를 돕는다.

전문가 한마디

한의사 한마디

"항산화 효과와 눈 건강에 도움을 줘요."

블루베리는 해독 효과가 있는 과일로 여러 염증을 진정시키는 효과도 있습니다. 안토시아닌 성분이 항산화 효과와 눈 건강에도 도움을 줍니다. 혈전용해제 복용 시에는 주의해서 섭취해야 합니다.

펫 영양사 한마디

"안토시아닌과 폴리페놀이 함유되어 있어요."

폴리페놀은 면역력 증강에 안토시아닌은 눈 건강에 도움을 줍니다. 비타민K도 풍부해서 지용성 비타민을 수월하게 공급해 줄 수 있어요.

안구 건강을 지키는
소고기블루베리숙채

나이가 들수록 나빠지는 안구 건강! 눈에 도움이 되는 블루베리를
적극 활용하면서 소화가 잘되도록 만든 특식.

재료	소형견(5kg기준)	9세 이상 노령견(5kg 기준)
☐ 소홍두깨살	38g	34g
☐ 블루베리	22g	20g
☐ 양상추	51g	45g
☐ 수수	5g	4g

Tip

평소 구토가 잦다면
블루베리의 양을
반으로 줄입니다.

한방 재료 시너지

결명자 0.1g 이하(한 꼬집)
결명자는 눈에 좋은 약재입니다. 눈 건강을 해치는 과한 열을 식히고
충혈되거나 염증이 자주 생기는 경우 좋아요.

★ 만드는 법

① 소홍두깨살은 채썰기를 해서 완전히 익도록 삶는다.
② 수수는 10분 이상 뜨거운 물에 충분히 삶는다.
③ 양상추는 채썰기하고 블루베리는 먹기 편하도록 반으로 자른다.
④ 준비된 재료를 무치듯이 혼합하여 그릇에 담는다.
  ＊ 시너지 tip : 그릇에 담은 후 결명자 가루 한 꼬집 추가

➕ Plus Point

① 양상추는 신선도가 빨리 떨어지므로 당일 구매해서 쓰는 것이 좋아요.
② 수수는 익히는 시간이 오래 소요되므로 미리 1시간 이상 불린 후에 충분히 가열해 주세요.

과일류

79
크랜베리

영양 성분(100g당)	탄수화물	단백질	지방	무기질	수분	비타민 E
열량 **46**kcal	11.97g	0.46g	0.13g	0.12g	87.32g	1.36mg

맛	■ 단맛	□ 짠맛	■ 신맛	□ 쓴맛	□ 매운맛
성질	□ 차가움(寒)	□ 서늘함(凉)	□ 중간(平)	■ 따뜻함(溫)	□ 뜨거움(熱)

제철 9월 ~ 10월

효능 이뇨 작용, 해독, 항산화, 노화방지

 좋은 재료 고르기

만졌을 때 단단하고 붉은빛이 진한 것이 신선하다. 생, 냉동, 건조, 파우더 모두 반려견에게 줄 수 있다.

최고의 짝꿍

크랜베리와 블루베리를 같이 주지 않는다. 베리류에 속하는 식재료를 과량 섭취하면 반려견의 소화 및 위액 분비에 안 좋은 영향을 줄 수 있다.

 **주의사항**

반려견의 신장 상황에 따라 크랜베리의 제공을 결정할 수 있습니다. 전문가와 상담을 한 후에 먹이는 것을 추천합니다.

전문가 한마디

한의사 한마디

"이뇨 작용과 항산화 효과가 있어요."

크랜베리는 이뇨 작용이 있어 방광염이나 결석 등에 도움이 되는 과일입니다. 안토시아닌 성분을 함유해 항산화 효과가 있어 노화 방지에도 좋습니다. 열량이 높은 편이어서 양 조절을 해주어야 합니다.

펫 영양사 한마디

"비타민E가 풍부해요."

비타민E가 풍부해 항산화에 도움을 주며 신장 기능도 강화를 해줍니다. 더불어 항암 효과도 기대할 수 있습니다.

80
키위

영양 성분(100g당)	탄수화물	단백질	지방	무기질	수분	칼륨
열량 **64**kcal	14.8g	0.8g	1.0g	0.6g	82.8g	257mg

맛	☑ 단맛	☐ 짠맛	☑ 신맛	☐ 쓴맛	☐ 매운맛

제철
8월 ~ 10월

성질	☑ 차가움(寒)	☐ 서늘함(凉)	☐ 중간(平)	☐ 따뜻함(溫)	☐ 뜨거움(熱)

효능   청열·해열, 이뇨 작용, 갈증 해소, 소화 촉진

좋은 재료 고르기

'참다래'로 불리는 키위는 표면을 눌렀을 때 탄력이 있는 것이 잘 익은 상태다. 키위가 덜 익은 상태에는 옥살산 함량이 높아 신맛이 강하게 나게 되므로 잘 익은 것을 고르도록 하자.

⚠ 주의사항

키위는 칼륨의 함량이 높아 주의가 필요하다. 껍질은 먹이지 않는다.

최고의 짝꿍

키위와 바나나는 식이섬유가 매우 풍부하다. 두 식재료를 같이 먹이면 변비로 고생하는 반려견에게 유용할 수 있다.

전문가 한마디

한의사 한마디
"소화를 도와줘요."

키위는 이뇨 작용이 강한 과일로 배뇨 시에 불편감이 있을 때 도움이 될 수 있습니다. 단백질 분해효소가 있어 소화에도 좋고 육류와도 궁합이 잘 맞습니다. 속이 냉한 경우 조금만 먹이도록 합니다.

펫 영양사 한마디
"생과일로 소량씩 주세요."

키위는 면역력을 키우고 혈당을 낮추는 효능이 있어 당뇨가 있는 반려견에게 유용할 수 있습니다. 키위는 가열하면 영양소의 손실이 큰 편에 속한 식재료이기 때문에 소량씩 생과일로 제공하는 것을 추천해요.

변비 증상이 있을 때
대구순살구이

반려견의 생애에 꼭 한번은 찾아온다는 변비! 식이섬유가 풍부한 고구마와 소화와 배변을 원활하게 하는 키위를 활용한 변비용 특식.

재료	소형견(5kg기준)	9세 이상 노령견(5kg 기준)
☐ 대구순살	68g	61g
☐ 고구마	110g	99g
☐ 표고버섯	77g	69g
☐ 키위	7g	6g

Tip

대구순살이 없으면 가자미순살을 써도 좋아요.

한방 재료 시너지

흑미자 0.1g 이하(한 꼬집)
흑미자는 검은 참깨로 건조한 장에 수분을 공급하고 윤택하게 합니다. 변비가 심한 노령견에게 잘 맞고 체력에 부드럽게 대변을 볼 수 있도록 도울 수 있습니다.

★ 만드는 법

① 고구마와 표고버섯을 부드러워질 정도로 삶은 후에 믹서로 함께 갈아 놓는다.
② 키위는 잘게 다지거나 슬라이스해 놓는다.
③ 팬에 물을 한 스푼 정도 붓고 대구순살을 굽는다.
④ 그릇에 대구순살을 담고 1에서 만든 고구마와 표고버섯 소스를 올린다.
  ＊ 시너지 tip : 소스를 올린 후에 흑미자 가루 한 꼬집 추가
⑤ 키위를 사이드 메뉴로 함께 놓는다.

➕ Plus Point

① 신맛이 나는 키위보다는 단맛이 강한 키위를 주세요.
② 대구순살은 염분이 있을 수 있으니 한번 데쳐서 염분을 제거한 후 조리에 사용하세요.

자연물

81
인삼

영양 성분(100g당)	탄수화물	단백질	지방	무기질	수분	철
열량	69.8g	15.7g	0.5g	3.9g	10.1g	33.5mg

316kcal

맛	☑ 단맛	☐ 짠맛	☐ 신맛	☑ 쓴맛	☐ 매운맛

제철
☑ 봄 ☐ 여름
☐ 가을 ☐ 겨울

성질	☐ 차가움(寒)	☐ 서늘함(凉)	☐ 중간(平)	☑ 약간 따뜻함(溫)	☐ 뜨거움(熱)

효능 자양 강장, 진액 보충, 면역력 개선, 암 예방, 노화 방지

 좋은 재료 고르기

인삼은 크기가 클수록 좋다고 생각하기 쉽지만 크기보다는 인삼의 전체적인 모양이 균형감 있게 자란 것을 고르는 것이 좋다. 무게는 크기보다 무거운 느낌이 드는 것을 고르자.

⚠️ **주의사항**

인삼은 반려견이 먹을 수 있는 약재지만 적정량을 준수하지 않으면 신장에 부담을 줄 수 있으니, 주의가 필요합니다.

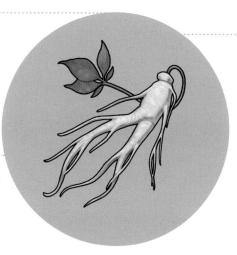

 최고의 짝꿍

인삼은 우유와 밸런스가 좋다. 반려견을 위한 홈메이드 우유껌을 만들 때 인삼을 소량 넣을 수 있다.

전문가 한마디

한의사 한마디
"전반적인 체력 및 건강 관리에 유용해요."

인삼은 예로부터 면역력 증강, 항노화, 항암 효과로 유명한 약재입니다. 노령견의 경우 꾸준히 챙겨주면 전반적인 체력 및 건강 관리에 효과를 볼 수 있습니다. 다만 성질이 다소 따뜻한 편이라 습진 같은 피부 질환이 있다면 주의하는 것이 좋겠습니다.

펫 영양사 한마디
"영양소가 풍부하지만, 적정량을 주어야 해요."

인삼은 칼로리가 높은 편에 속하며 철, 니아신, 비타민E, 식이섬유 등을 함유하고 있어요. 기력 회복이 필요한 반려견이나 혈액의 공급이 필요한 반려견에게 좋은 식재료로 추천할 수 있어요. 다만 소량씩 주어야 합니다. 적정량을 꼭 지켜야 합니다.

자연물

82
작약

영양 성분(100g당)	탄수화물	단백질	지방	무기질	아연	칼슘
열량 **331**kcal	81.3g	5.6g	0.4g	1.3g	0.32g	486mg

맛	☐ 단맛	☐ 짠맛	☑ 신맛	☑ 쓴맛	☐ 매운맛

제철
☐ 봄 ☐ 여름
☐ 가을 ☐ 겨울

성질	☐ 차가움(寒)	☑ 약간 서늘함(凉)	☐ 중간(平)	☐ 따뜻함(溫)	☐ 뜨거움(熱)

효능 혈액 보충, 진액 보충, 혈액 순환 촉진, 근육 이완, 피부 보호

좋은 재료 고르기

너무 희지 않고 약간의 갈색빛이 돌고 있는 것을 고른다. 굵고 표면이 상처가 없이 깨끗한 것을 고른다.

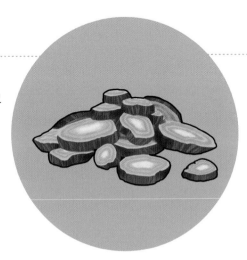

⚠ 주의사항

많은 양을 먹으면 체질에 따라 소화가 어려울 수 있습니다. 꼭 적정량을 먹여야 합니다.

전문가 한마디

한의사 한마디

"혈액 순환과 피부 건강에 유용해요."

작약은 혈액과 근육 두 가지가 포인트가 되는 약재입니다. 혈액의 순환을 돕고 근육을 풀어 줘서 관절이 불편하거나 피부가 건조할 때 좋습니다.

펫 영양사 한마디

"뼈 건강에 좋고 염증 완화를 도와요."

약재이지만 칼슘이 풍부해서 뼈 건강 관리에 유용하고 염증 완화에도 좋은 역할을 기대할 수 있어요. 아연을 함유하고 있어 피부 건강에도 도움을 되지요.

자연물

83
황기

영양 성분(100g당)	탄수화물	단백질	지방	무기질	비타민 A	나트륨
열량 **60**kcal	12.5g	0.6g	1.2g	0.8g	미량	76mg

맛	☑ 단맛	☐ 짠맛	☐ 신맛	☐ 쓴맛	☐ 매운맛
성질	☐ 차가움(寒)	☐ 서늘함(凉)	☐ 중간(平)	☑ 따뜻함(溫)	☐ 뜨거움(熱)

제철
☑ 봄 ☑ 여름
☐ 가을 ☑ 겨울

효능 체력 증강, 면역력 개선, 피부 손상 회복, 강심(强心) 작용

 좋은 재료 고르기

황기는 잔뿌리가 많고 고유의 향이 진한 것이 좋다. 색상의 경우 노란빛을 가지고 있는 것을 선택한다.

♥ **최고의 짝꿍**

황기는 비타민A가 부족하다. 비타민A의 전구체인 베타카로틴이 풍부한 당근과 함께 먹이면 영양의 균형을 맞출 수 있다.

 주의사항

황기는 성질이 따뜻해 열 질환을 앓은 직후에는 먹이지 않는 게 좋습니다.

전문가 한마디

한의사 한마디
"강심작용이 있어요."

황기는 기력을 보충해 줄 뿐 아니라 피부 질환이 있을 때 빠른 회복을 돕습니다. 강심작용으로 심장과 혈액 순환계에 도움이 됩니다.

 펫 영양사 한마디
"사포닌을 함유하고 있어요."

황기는 콩과에 속하는 식물로 비타민A와 비타민A의 전구체인 베타카로틴이 거의 없는 특징을 가지고 있다. 반면에 나트륨은 다른 약재보다 많은 편에 속한다. 사포닌을 함유하고 있어 면역력 증강에 도움을 주며 활성 산소 제거에도 도움이 된다.

자연물

84
구기자

영양 성분(100g당)	탄수화물	단백질	지방	무기질	수분	비타민 E
열량 **69**kcal	10.23g	4.5g	2.04g	1.03g	82.2g	2.27mg

맛	☑ 단맛	☐ 짠맛	☐ 신맛	☐ 쓴맛	☐ 매운맛

성질	☐ 차가움(寒)	☐ 서늘함(凉)	☑ 중간(平)	☐ 따뜻함(溫)	☐ 뜨거움(熱)

제철
☑ 봄 ☑ 여름
☑ 가을 ☑ 겨울

효능 진액 보충, 기침 및 호흡기 질환 개선, 노화 방지

 좋은 재료 고르기

완전히 익어 수확된 구기자는 크기가 굵고 일정하다. 건조 구기자를 구매할 때는 밝은 붉은 색보다는 약간 어두운 붉은 색을 고르는 것이 좋다.

 주의사항

반려견에게는 소량을 주어야 한다. 특히 설사 중이거나 장염이 있을 때는 회복이 더뎌질 수 있으니 먹이지 않는 것이 좋다.

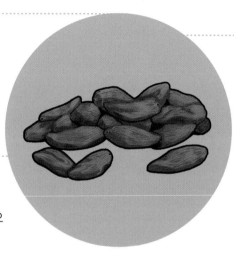

 최고의 짝꿍

구기자와 토마토를 혼합하면 항산화 효과가 극대화될 수 있다. 노령견을 위한 특식으로 추천한다.

전문가 한마디

한의사 한마디

"노화 방지와 호흡기 질환에 좋아요."

구기자는 노화로 인한 증상을 완화해 주고 몸에 필요한 진액을 보충해 노화나 체력 저하로 생기는 기침과 호흡기 질환에 도움이 됩니다.

펫 영양사 한마디

"노령견에게 좋은 식재료예요."

구기자는 아미노산의 흡수를 촉진하고 각종 비타민이 풍부한 특징을 가지고 있다. 특히 비타민E는 항산화 물질 제공에 도움을 주어 노령견에게 좋은 식재료가 될 수 있어요.

85
오미자

영양 성분(100g당)	탄수화물	단백질	지방	무기질	수분	비타민 C
열량	12.8g	2.1g	3.3g	1.3g	80.5g	미량

81kcal

맛	■ 단맛	□ 짠맛	■ 신맛	□ 쓴맛	□ 매운맛

제철

성질	□ 차가움(寒)	□ 서늘함(凉)	□ 중간(平)	■ 따뜻함(溫)	□ 뜨거움(熱)

■ 봄 ■ 여름
■ 가을 ■ 겨울

효능 체력 증강, 진액 보충, 노화 방지

 좋은 재료 고르기

오미자는 과육이 풍부한 것이 신선한 오미자이며 건조된 오미자를 사용할 때는 흰색 가루가 없는 것을 골라야 한다.

최고의 짝꿍

오미자와 배를 함께 사용하면 수분 보강에 도움이 되며, 두 가지 식재료를 혼합하면 반려견들이 매우 좋아한다.

주의사항

건조 오미자를 사용할 경우 영양 성분에 차이가 있으므로 점검이 필요.

전문가 한마디

한의사 한마디

"체력 보강에 좋습니다."

오미자는 체력을 도우면서 진액을 보충해 특히 체력이 떨어지는 때 반려견에게 제공하면 좋습니다. 성질이 따뜻해 감기 증상이 있거나 감기가 나은 직후에는 열을 일으킬 수 있어 주의가 필요해요.

펫 영양사 한마디

"수분을 보충해 줘요."

오미자는 다섯 가지 맛을 가졌다는 것에 유래해 오미자로 이름이 붙여졌어요. 수분이 풍부하고 적당한 칼로리를 가지고 있는 약재입니다. 생오미자는 비타민C가 거의 없는데 건강한 반려견은 스스로 비타민C를 만드는 능력이 있어 비타민C가 없어도 크게 염려하지 않아도 좋습니다.

167

자연물

86
당귀

영양 성분(100g당)	탄수화물	단백질	지방	무기질	수분	레티놀
열량 **70**kcal	15.3g	0.6g	1.2g	0.8g	82.1g	미량

맛	☑ 단맛	☐ 짠맛	☐ 신맛	☐ 쓴맛	☑ 매운맛

성질	☐ 차가움(寒)	☐ 서늘함(凉)	☐ 중간(平)	☑ 따뜻함(溫)	☐ 뜨거움(熱)

제철
☑ 봄 ☑ 여름
☑ 가을 ☑ 겨울

효능 혈액 보충, 진액 보충, 혈액 순환 촉진, 피부 보호

 좋은 재료 고르기

고유의 잔뿌리가 적으면서 끈적함이 느껴지지 않는 것을 고른다. 건조한 상태로 구매하는 경우라도 윤기가 있는 것을 고른다.

 **주의사항**

대변이 물러질 수 있어 설사 증상이 있다면 피해야 한다. 과량 섭취시 발작 및 경련 등의 문제가 일어날 수 있어 전문가와 상담 후 소량 제공하는 것을 추천합니다.

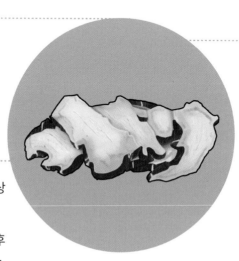

최고의 짝꿍

소량의 당귀와 비타민A와 C가 풍부한 애호박을 활용하면 당귀의 부족한 영양소를 채우는 데 도움이 된다.

전문가 한마디

한의사 한마디

"혈액을 보충해줘요."

혈액과 진액의 생성, 순환에 전반적으로 영향을 줍니다. 특히 부인과의 중요한 약재로 사용됩니다. 생리통이나 수술 및 외상 후 회복 등 허혈성 통증 완화에 좋습니다.

펫 영양사 한마디

"비타민B군이 풍부해요."

당귀는 비타민B1, B2 등이 함유되어 있으나 비타민A와 베타카로틴은 거의 없어요. 단백질의 함유량은 낮은 편이며 당질 함유량은 다소 높습니다.

자연물

87
하수오

영양 성분(100g당)	탄수화물	단백질	지방	무기질	수분	칼슘
열량 **35**kcal	7.6g	2.1g	0.3g	1.8g	88.2g	204mg

맛	■ 단맛	□ 짠맛	□ 신맛	□ 쓴맛	■ 떫은맛
제철	성질	□ 차가움(寒)	□ 서늘함(凉)	□ 중간(平)	■ 따뜻함(溫)	□ 뜨거움(熱)

제철
■ 봄   ■ 여름
■ 가을   ■ 겨울

효능   혈액 보충, 진액 보충, 모발 영양, 피부 보호

 좋은 재료 고르기

하수오에는 적하수오와 백하수오가 있다. 적하수오는 붉은 갈색을, 백하수오는 노란 밤색을 띠는 것을 고르도록 하자.

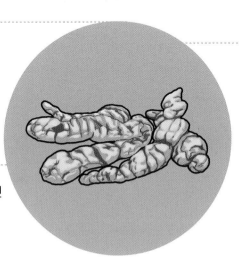

최고의 짝꿍

하수오 잎은 많은 영양소가 조금씩 함유된 것이 특징이에요. 그러나 비타민A의 하나인 레티놀은 부족해 달걀과 같은 식재료와 함께 먹이면 좋습니다.

⚠ **주의사항**

설사 증상이 있을 경우 피하는 것이 좋아요.

전문가 한마디

한의사 한마디

"체력 보강에 좋습니다."

혈액과 진액을 만들어 공급하며 특히 모발과 피부를 부드럽게 하는 효과가 뛰어납니다. 피부가 건조하면서 가려운 증상을 진정시킬 수 있습니다. 대변이 약간 물러질 수 있어 설사 증상이 있을 때는 피해야 합니다.

펫 영양사 한마디

"칼슘이 많아 뼈 건강에 좋아요."

하수오는 다른 약재에 비해 식물성 단백질의 함유량이 많으며 무기질 또한 함량이 높은 편에 속합니다. 칼슘 함량 또한 높아서 반려견의 뼈와 이빨에 도움이 될 수 있습니다.

자연물

88
갈근

영양 성분(100g당)	탄수화물	단백질	지방	무기질	수분	마그네슘
열량 **137**kcal	32.05g	2.48g	0.1g	1.67g	63.7g	242mg

맛	■ 단맛	□ 짠맛	□ 신맛	□ 쓴맛	■ 매운맛

성질	□ 차가움(寒)	■ 약간 서늘함(凉)	□ 중간(平)	□ 따뜻함(溫)	□ 뜨거움(熱)

제철	■ 봄 ■ 여름 ■ 가을 ■ 겨울

효능 해열, 근육 이완, 지사(止瀉) 작용, 혈당 조절

 좋은 재료 고르기

고유의 향을 진하게 가지고 있으며 가루가 많지 않은 것을 골라야 한다. 갈근은 원래 갈색이기 때문에 너무 흰 것은 피하도록 한다.

 **주의사항**

구토 증상이 있을 때는 주의가 필요합니다.

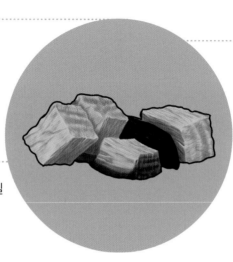

 최고의 짝궁

갈근과 닭고기를 함께 먹이면 서로 부족한 영양소를 상호보완해주므로 찰떡궁합이라고 할 수 있는 조합이다.

전문가 한마디

한의사 한마디

"근육통에 좋습니다."

갈근은 칡의 뿌리를 지칭합니다. 해열 작용이 뛰어날 뿐 아니라 근육을 이완하여 근육통에 효과적입니다. 체내 정체된 수분을 배출시켜 설사나 부종 해소에도 도움이 되며 혈당을 조절하는 효능도 있습니다.

펫 영양사 한마디

"마그네슘이 풍부해요."

갈근은 탄수화물인 당질이 매우 높고 마그네슘의 함량이 높은 약재입니다. 반려견에게 마그네슘은 필수 미네랄의 하나로 부족하게 되면 갑상선 관련 질환을 가져올 수 있습니다. 체내 마그네슘이 부족한 반려견에게 갈근을 소량 먹이는 것은 도움이 된답니다.

자연물

89
계피

영양 성분(100g당)	탄수화물	단백질	지방	무기질	수분	비타민 K
열량	81.07g	3.55g	0.51g	4.57g	10.3g	64.84ug
343kcal						

맛	☑ 단맛	☐ 짠맛	☐ 신맛	☐ 쓴맛	☑ 매운맛
성질	☐ 차가움(寒)	☐ 서늘함(凉)	☐ 중간(平)	☐ 따뜻함(溫)	☑ 뜨거움(熱)

제철	
☑ 봄 ☐ 여름	
☐ 가을 ☐ 겨울	

효능 감시 예방 및 진정, 청열·해열 작용, 체력 증강, 온열 효과, 혈액 순환 촉진

 좋은 재료 고르기

통계피 혹은 가루 계피의 형태로 살 수 있다. 어떤 것을 고르던 고유의 향이 짙어야 하며 원산지 점검이 필요하다.

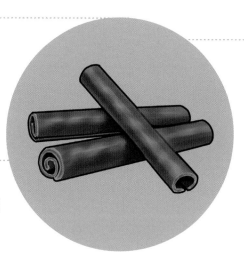

❤ **최고의 짝꿍**

계피와 꿀은 궁합이 잘 맞다. 하지만 어린 반려견에게 주었을 때는 과도한 열을 발생시킬 수 있어 주의가 필요합니다.

⚠ **주의사항**

고유의 매운맛으로 인해 자극될 수 있어 극소량만 사용하는 것이 좋다.

전문가 한마디

한의사 한마디

"스트레스로 생긴 열을 제거해 주어요."

계피는 매우 따뜻한 성질의 약재로 감기를 예방하고 치료할 뿐 아니라 혈액순환을 촉진합니다. 몸이 냉해서 생기는 여러 통증이나 설사 등 위장 계통 증상을 완화하는 효과도 있습니다. 건조 증상이 심한 경우 주의해서 복용해야 합니다.

펫 영양사 한마디

"단백질 합성에 도움이 돼요."

계피는 섬유질과 무기질의 함량이 많은 편에 속하는 약재다. 많은 섬유질의 함량은 반려견의 소화기에 도움이 될 수 있으며 혈당을 조절할 때도 도움이 된다.

자연물

90
결명자

영양 성분(100g당)	탄수화물	단백질	지방	무기질	수분	비타민 B2
열량 **391**kcal	67g	19.8g	4.9g	4.8g	3.5g	0.57mg

맛	☑ 단맛	☐ 짠맛	☐ 신맛	☑ 쓴맛	☐ 매운맛

성질	☐ 차가움(寒)	☑ 약간 서늘함(凉)	☐ 중간(平)	☐ 따뜻함(溫)	☐ 뜨거움(熱)

제철
☑ 봄 ☐ 여름
☐ 가을 ☐ 겨울

효능 안구 건조 완화 , 눈 질환 예방

좋은 재료 고르기

흑갈색의 빛깔을 띠면서도 윤기가 흐르는 것이 좋은 결명자다.

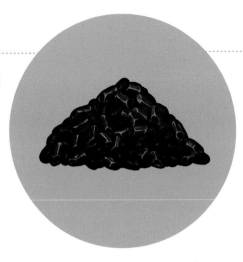

주의사항

햄프씨드(대마자, 大麻子)와는 같이 먹이는 일이 있어서는 안 됩니다.

전문가 한마디

한의사 한마디

"한의학적으로 눈에 좋다고 알려져 있어요."

한의학적으로 눈질환은 대부분 열이 원인이 되어 발생합니다. 결명자는 눈의 과한 열을 식혀주는 효능이 뛰어나 눈질환에 널리 사용됩니다.

펫 영양사 한마디

"비타민B2가 풍부해요."

결명자는 리보플래빈이라고 하는 비타민B2가 다른 약재에 비해서 풍부합니다. 리보플래빈은 시력과 건강한 눈 유지에 필요한 영양소이고 심혈관 건강을 유지하는 데도 필요한 영양소입니다. 비타민B2는 반려견에게 중요한 역할을 하는 수용성 비타민으로 결명자는 그런 비타민B2를 보강하는 데 도움이 될 수 있어요.

자연물

91
오가피

영양 성분(100g당)		탄수화물	단백질	지방	무기질	수분	트립토판
열량		15.87g	5.67g	0.7g	1.76g	76g	미량
76kcal	맛	☐ 단맛	☐ 짠맛	☐ 신맛	☑ 쓴맛	☑ 매운맛	
제철	성질	☐ 차가움(寒)	☐ 서늘함(凉)	☐ 중간(平)	☑ 따뜻함(溫)	☐ 뜨거움(熱)	
☑ 봄 ☑ 여름							
☐ 가을 ☐ 겨울	효능	근육 이완, 근골 강화, 근골격계 염증성 질환 진정					

🔔 좋은 재료 고르기

오가피는 원산지에 따라서 효능의 차이가 클 수 있다. 따라서 원산지를 확인하고 의심스러운 경우 전문가를 통해 사는 것이 좋겠습니다.

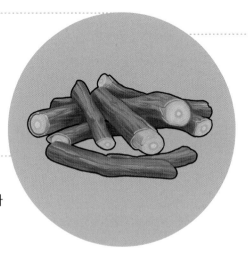

💕 최고의 짝꿍

오가피는 쓴맛과 매운맛이 있어 단맛이 강한 배나 오미자와 함께 먹이면 좋습니다.

⚠️ 주의사항

성질이 따뜻하여 몸을 건조하게 만들 수 있으므로 노령견이나 마른 체형의 반려견에게는 주의해서 먹이는 것이 좋습니다.

전문가 한마디

한의사 한마디
"근육과 뼈를 건강하게 해요."

굳어있는 근육을 풀어주고 관절 주변의 순환을 원활하게 하여 통증을 진정시키기도 해요. 뼈를 튼튼하게 해서 성장에도 좋습니다.

펫 영양사 한마디
"미네랄 보충에 도움 돼요."

오가피는 쓴맛과 매운맛이 있어 반려견이 좋아하지는 않습니다. 하지만 무기질의 함량이 높아 미네랄을 보충할 때 도움이 될 수 있습니다. 오가피는 필수아미노산의 일종인 트립토판이 부족하므로 트립토판이 풍부한 음식과 함께 제공하면 좋아요. 트립토판은 호르몬 기능을 강화해 줍니다.

자연물

92
홍화

영양 성분(100g당)	탄수화물	단백질	지방	무기질	수분	칼슘
열량 **45**kcal	9.0g	3.9g	0.4g	1.9g	85.7g	244mg

맛	☐ 단맛	☐ 짠맛	☐ 신맛	☐ 쓴맛	☑ 매운맛

성질	☐ 차가움(寒)	☐ 서늘함(凉)	☐ 중간(平)	☑ 따뜻함(溫)	☐ 뜨거움(熱)

제철
☑ 봄 ☐ 여름
☐ 가을 ☐ 겨울

효능 어혈 제거, 근골 강화

 좋은 재료 고르기

물에 담갔을 때 물 위로 뜨는 것이 좋은 홍화입니다. 고유의 윤기를 가지고 있는 것을 고르면 더욱 좋습니다.

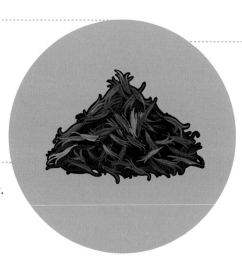

⚠ **주의사항**

홍화씨는 쓴맛이 매우 강합니다. 극소량만 주는 것이 좋습니다.

💕 **최고의 짝꿍**

당귀와 홍화를 함께 제공하면 비타민E 보강에 도움이 됩니다. 다만 두 가지 모두 약재이므로 전문가와 상담 후 먹이는 것이 바람직하겠습니다.

전문가 한마디

한의사 한마디

"근육과 뼈를 건강하게 해요."

홍화는 몸의 전반적인 어혈을 제거하는 효과가 뛰어납니다. 어혈로 인한 근골격계의 문제나 수술 후 회복에도 좋습니다. 임신 중이거나 생리 중일 경우는 유산이나 출혈 과다의 소지가 있어 주지 않습니다.

펫 영양사 한마디

"미네랄 보충에 도움 돼요."

홍화는 반려견의 뼈에 유용한 약재예요. 칼슘의 성분이 다른 약재에 비해 뚜렷하게 높은 것이 특징입니다. 칼로리와 지방은 낮은 편에 속하지만 홍화씨는 쓴 맛이 매우 강해 극소량만 사용하는 것이 좋아요. 약재 자체로 사용해도 되며, 가루로 된 것을 사용해도 무방해요.

자연물

93
단삼

영양 성분(100g당)	탄수화물	단백질	지방	수분	마그네슘	칼슘	칼륨
열량	83.3g	12.7g	0.8g	11.5g	582mg	290mg	1797mg

공개정보없음	맛	☐ 단맛	☐ 짠맛	☐ 신맛	☑ 쓴맛	☐ 매운맛

제철	성질	☑ 약간 차가움(寒)	☐ 서늘함(凉)	☐ 중간(平)	☐ 따뜻함(溫)	☐ 뜨거움(熱)

☐ 봄 ☐ 여름
☐ 가을 ☐ 겨울

효능   어혈 제거, 혈액 순환 촉진

 좋은 재료 고르기

단삼은 적갈색을 띠며 세로 주름이 뚜렷한 것을 고르시면 됩니다.

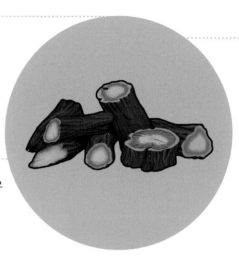

 최고의 짝꿍

단삼은 항산화 효과를 가지고 있어 항산화 기능을 가진 다른 식재료와 같이 사용하면 시너지를 기대해 볼 수 있습니다. 토마토와 함께 사용해도 좋습니다.

 주의사항

많은 양을 주면 구토와 복통을 유발할 수 있어요. 전문가와 상담 후 제공하세요.

전문가 한마디

 **한의사 한마디**

"심혈관계 질환에 좋아요."

단삼은 어혈을 제거하는 약재 중에서도 특히 관상동맥 등 심장에 작용하는 약재입니다. 혈전을 제거하고 콜레스테롤 수치를 떨어뜨려 심혈관계 질환에 좋습니다. 성질이 다소 차가운 편이라 어혈 증상이 없는 경우에는 규칙적으로 복용하지 않는 게 좋습니다.

 펫 영양사 한마디

"칼륨과 칼슘의 함량이 높아요."

단삼은 칼륨과 칼슘의 함량이 높습니다. 칼륨은 체내 흡수가 빠르므로 소량을 주어야 합니다. 상대적으로 지방은 부족하니 지방류를 보강해서 활용하면 좋습니다.

94
강황

영양 성분(100g당)	탄수화물	단백질	지방	철분	칼륨	니아신
열량 **390**kcal	3g	8g	10g	47.5mg	250mg	4.8mg

맛　□ 단맛　□ 짠맛　□ 신맛　■ 쓴맛　■ 매운맛

제철　성질　□ 차가움(寒)　□ 서늘함(涼)　□ 중간(平)　■ 따뜻함(溫)　□ 뜨거움(熱)

■ 봄　■ 여름
■ 가을　■ 겨울

효능　어혈 제거, 기혈 순환 촉진, 진통 효과, 암 예방

 좋은 재료 고르기

강황과 울금은 기원이 같고 비슷하지만 다른 재료입니다. 혼동할 수 있으므로 명확하게 확인하고 사야 합니다.

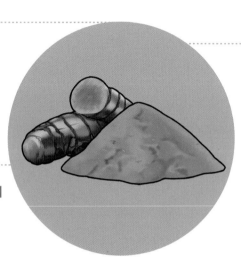

최고의 짝꿍

유당이 제거된 우유와 함께 사용하면 강황 고유의 매운맛을 감소시켜 주고 강황에 함유된 영양소의 흡수율을 높여 줄 수 있어요.

 **주의사항**

수술 전후나 출혈 직후에는 주의해서 먹여야 합니다.

전문가 한마디

한의사 한마디

"항산화 효과가 뛰어나요."

강황은 커큐민이 주성분으로 항산화 효과가 뛰어나 여러 퇴행성 질환이나 암을 예방하는 효과가 있습니다. 어혈을 제거하고 순환을 돕기 때문에 어혈로 인한 통증에 사용돼요.

펫 영양사 한마디

"급여량에 주의하세요."

커큐민 성분의 함량이 높아 항산화와 항암에도 도움을 줄 수 있어요. 쓴맛과 매운맛이 나며 칼륨이 매우 높은 약재. 반려견에게 사용할 때는 소량씩 사용해야 해요. 과하게 먹으면 혈액 응고를 방해할 수 있어요. 자연식, 화식, 사료 등에 소량씩 섞어서 주는 것이 좋아요.

자연물

95
진피

영양 성분(100g당)	탄수화물	단백질	지방	무기질	비타민 E	비타민 C
열량 **91**kcal	19.5g	0.5g	1g	0.9g	4.8mg	70mg

맛	□ 단맛	□ 짠맛	□ 신맛	■ 쓴맛	■ 매운맛
성질	□ 차가움(寒)	□ 서늘함(凉)	□ 중간(平)	■ 따뜻함(溫)	□ 뜨거움(熱)

제철
■ 봄   □ 여름
■ 가을 □ 겨울

효능   노폐물 제거, 위장 기능 강화, 소화 촉진, 콜레스테롤 저하

 좋은 재료 고르기

깨끗하게 세척되어 건조된 것을 활용하세요.

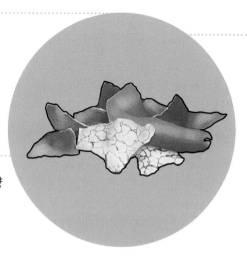

 최고의 짝꿍

진피는 양배추와 함께 제공하면 위장 기능을 돕는 효과가 더욱 좋아집니다.

⚠ **주의사항**

반려견에게 약재를 줄 때는 소량 급여하는 것이 좋습니다.

전문가 한마디

한의사 한마디

"노폐물 제거에 좋아요."

한방에서는 말린 귤껍질을 진피라고 합니다. 진피는 체액 순환을 돕고 노폐물을 제거하며 위장 기능을 강화하는 효과가 있습니다. 이 때문에 소화불량이나 장염 등 위장관계통 질환에 다방면으로 사용됩니다, 콜레스테롤 수치를 떨어뜨리고 노폐물을 제거해 다이어트에도 효과적입니다. 성질이 완만한 편이라 큰 부작용 없이 먹을 수 있습니다.

펫 영양사 한마디

"비타민이 풍부해요."

진피는 비타민C와 E가 풍부해요. 지질과 탄수화물도 다른 약재에 비해서 다소 높은 편에 속해요.

자연물

96
복령

영양 성분(100g당)	탄수화물	단백질	지방	수분	마그네슘	철	칼슘
열량	72.97g	1.2g	0.8g	15g	6.6mg	7.2mg	11.7mg

공개정보없음	맛	☐ 단맛	☐ 짠맛	☐ 신맛	☐ 쓴맛	☑ 담담한맛
제철 ☑ 봄 ☐ 여름 ☐ 가을 ☐ 겨울	성질	☐ 차가움(寒)	☐ 서늘함(凉)	☑ 중간(平)	☐ 따뜻함(溫)	☐ 뜨거움(熱)

효능	노폐물 배출, 이뇨 작용, 지사(止瀉) 작용, 스트레스 완화, 피부 보호

좋은 재료 고르기

생이나 건조 구분 없이 먹일 수
있어요. 다만 건조된 복령을 고
른다면 보관이 편리합니다.

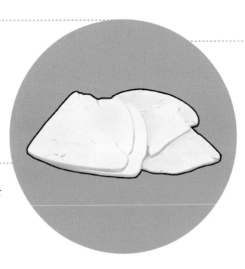

최고의 짝꿍

복령은 칼슘 흡수를 돕기 때문에
칼슘이 풍부한 멸치와 함께 주면
좋습니다.

⚠ 주의사항

빈뇨 증상이 있는 반려견에게는
주의하세요.

전문가 한마디

한의사 한마디

"부종을 가라앉혀요."

복령은 이뇨 작용이 있어 부종과 노폐물을 제
거해 주며, 대변의 불필요한 습기를 제거해 설
사를 그치게 하는 효능이 있습니다.

펫 영양사 한마디

"탄수화물이 풍부한 약재예요."

복령은 탄수화물이 풍부하지만, 상대적으로 단
백질과 지방의 함량이 적은 것이 특징이에요.
따라서 복령을 사용할 때 단백질과 지방의 함
유량을 보강해 주는 것이 좋습니다.

자연물

97
길경
(도라지)

영양 성분(100g당)	탄수화물	단백질	지방	무기질	수분	셀레늄
열량 **56**kcal	13.08g	1.7g	0.11g	0.61g	84.5g	1.79ug

맛	☐ 단맛	☐ 짠맛	☐ 신맛	☑ 쓴맛	☑ 매운맛
성질	☐ 차가움(寒)	☐ 서늘함(凉)	☑ 중간(平)	☐ 따뜻함(溫)	☐ 뜨거움(熱)

제철
☑ 봄　☑ 여름
☐ 가을　☐ 겨울

효능　노폐물 배출, 기관지 염증, 폐 기능 강화, 고름 제거, 피부 보호

 좋은 재료 고르기

사람이 느끼는 맛으로 구분하였을 때 약간 아린 맛이 있는 것이 좋은 길경이다. 반려견에게는 자극으로 느껴질 수 있으므로 고유의 아린 맛을 제거하여 사용하는 것이 좋다.

 주의사항

길경은 다량 섭취하면 신장에 부담을 줄 수 있으니 소량씩 주세요.

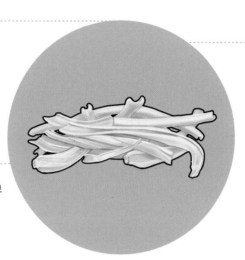

 최고의 짝꿍

면역력 증강에 도움이 되는 길경은 오리고기와 함께 먹이면 영양 밸런스를 맞추는 데 좋아요.

전문가 한마디

한의사 한마디

"호흡기의 담음 제거 효과가 뛰어나요."

길경은 폐와 호흡기의 담음(痰飮)을 제거하는 효과가 뛰어납니다. 감기나 여러 기관지 질환에 많이 사용되고 고름 제거 효과가 뛰어나 습진 등 진물을 동반하는 피부 질환에도 도움이 됩니다. 열병 이후, 혹은 다른 이유로 진액이 많이 소모되어 몸이 건조한 경우 주의해야 합니다.

펫 영양사 한마디

"셀레늄이 풍부한 약재예요."

길경은 셀레늄이 풍부해요. 셀레늄은 강력한 항산화 성분으로 미량 미네랄입니다. 또 글루타치온 성분을 활성화하여 간의 해독에 도움을 주기도 합니다.

179

자연물

98
산사

영양 성분(100g당)	탄수화물	단백질	지방	무기질	엽산	칼륨
열량 **54**kcal	1.2g	2g	0.2g	0.5g	20ug	210mg

맛	■ 단맛	□ 짠맛	■ 신맛	□ 쓴맛	■ 담담한맛

제철	성질	□ 차가움(寒)	□ 서늘함(凉)	□ 중간(平)	■ 약간 따뜻함(溫)	□ 뜨거움(熱)

■ 봄 ■ 여름
■ 가을 ■ 겨울

효능 소화 촉진, 지방 소화 촉진, 혈당 조절, 콜레스테롤 저하

 좋은 재료 고르기

열매가 붉은빛을 띠고 단단하며 큰 것을 고르는 것이 좋다. 보통 오래 묵을수록 약성이 강해진다고 하니 살 때 참고하자.

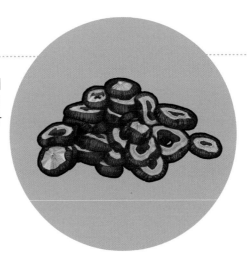

 주의사항

칼륨의 함량이 많아 심장 및 신장이 약한 반려견에게는 주의가 필요합니다.

전문가 한마디

한의사 한마디

"소화를 촉진해요."

산사나무의 열매로 본래 소화가 잘되지 않을 때 많이 사용되는 약재예요. 특히 고기를 먹고 체했을 때 주로 사용됩니다. 실제로 췌장에서 지방과 단백질을 분해하는 효소 분비를 자극하여 소화를 돕습니다. 혈중 콜레스테롤 수치와 식후 혈당을 떨어뜨리는 효과도 있습니다. 다만 기력이 떨어져 있을 때 주의가 필요합니다.

펫 영양사 한마디

"혈관 건강에 도움을 줘요."

산사는 탄수화물 함량은 낮지만, 칼로리는 다른 약재에 비해 약간 있는 편이에요. 조혈 비타민으로 불리는 엽산도 함유하고 있어서 혈관을 건강하게 유지하는 데 도움이 될 수 있어요.

영양 성분(100g당)		탄수화물	단백질	지방	무기질	수분	나이신
열량		37.7g	11.3g	0.2g	1.3g	49.5g	1.9mg

198kcal

맛	■ 단맛	□ 짠맛	■ 신맛	□ 쓴맛	□ 매운맛

제철	성질	□ 차가움(寒)	□ 서늘함(凉)	■ 중간(平)	□ 따뜻함(溫)	□ 뜨거움(熱)

■ 봄	■ 여름		
■ 가을	■ 겨울	효능	이뇨 작용, 고름 제거, 해독(解毒)

99
적소두
(팥)

 좋은 재료 고르기

붉은색이 선명하면서 가운데 흰색 선이 뚜렷해야 합니다. 껍질이 얇은 것을 선택하는 것이 좋아요.

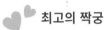 **최고의 짝꿍**

소화기가 약한 반려견에게 적소두를 먹일 때는 단호박과 함께 주면 소화 부담을 덜어줄 수 있어요.

 **주의사항**

꼭 충분하게 가열하여 익혀서 제공되어야 해요.

전문가 한마디

한의사 한마디

"이뇨 작용이 뛰어나요."

적소두는 '팥'이라는 이름으로 더 친숙하죠. 적소두는 이뇨 작용이 뛰어나 부종을 제거하고 지나친 열을 없애줍니다. 생리나 수술로 출혈이 있었을 때, 빈뇨 증상이 있을 때는 먹이지 않는 게 좋습니다.

펫 영양사 한마디

"식이섬유가 매우 풍부해요."

적소두는 탄수화물의 함량이 높으며 그 중 특히 식이섬유가 매우 풍부한 것이 특징. 식이섬유가 풍부하여 장 건강과 변비에 도움이 될 수 있어요. 또한 칼륨과 비타민B1, B3도 함유하고 있어 당질 대사 활성화에 도움을 줄 수 있어요.

100
이의인
(율무)

영양 성분(100g당)	탄수화물	단백질	지방	무기질	수분	니아신
열량 **377**kcal	70.5g	15.4g	3.2g	1.5g	9.4g	1.7mg

맛	■ 단맛	☐ 짠맛	■ 신맛	☐ 쓴맛	■ 담담한맛

성질	☐ 차가움(寒)	■ 서늘함(凉)	☐ 중간(平)	☐ 따뜻함(溫)	☐ 뜨거움(熱)

제철
☐ 봄 ■ 여름
☐ 가을 ■ 겨울

효능 이뇨 작용, 지사(止瀉) 작용, 고름 제거, 노폐물 제거

 좋은 재료 고르기

겉면에는 윤기가 있으며 연한 갈색을 나타내야 좋다. 고유의 냄새 외에 쾌쾌한 냄새가 없는 것을 고른다.

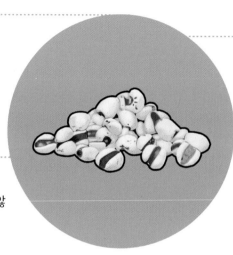

 최고의 짝꿍

목이버섯과 의이인을 섞어서 먹으면 체내 노폐물 배출에 시너지를 줄 수 있다. 다만 소량씩 혼합하여 먹이는 것이 좋습니다.

 **주의사항**

변비가 있는 반려견에게는 주의가 필요하며 임신 중에는 주지 않는 것이 좋아요.

전문가 한마디

한의사 한마디

"부종과 노폐물 제거에 좋아요."

의이인은 '율무'라고도 하는데요, 이뇨 작용으로 부종을 없애고 설사를 그치게 하여 위장을 튼튼히 하는 효과가 있습니다. 포만감이 있고 노폐물을 제거해 다이어트에도 많이 사용됩니다.

펫 영양사 한마디

"체내 노폐물 배출에 효과가 있어요."

식물성 단백질이 높은 편에 속하며 무기질과 니아신 등도 함유하고 있어요. 하지만 비타민A와 비타민B12는 부족해요. 영양 균형을 원한다면 부족한 비타민을 채워줄 수 있는 식재료와 혼합하는 것이 좋겠습니다. 단맛이 있어 반려견도 좋아하는 편입니다.

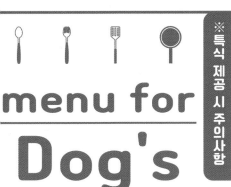

menu for
Dog's

※ 특식 제공 시 주의사항

1. '특식'이므로 주 1회만 제공해 주세요.
2. 반드시 데워서 따뜻하게 제공해 주세요.
   - 너무 차가운 음식은 구토나 설사를 유발할 수 있어요.
3. 집에서 만든 후 특식은 빨리 소진해야 합니다.
   - 냉장 보관 기준 3일, 냉동 기준 7일 이전에 소진해야 합니다.
4. 한방 재료를 사용 시 극소량만 사용해 주세요.
5. 조리 시에 오일류를 사용하지 않습니다.
   - 레시피에 오일에 관한 사항이 없을 때는 절대 오일을 첨가하지 않습니다.
     재료를 볶을 때도 물을 첨가해 타지 않도록 볶습니다.
6. 자연식을 처음 접하는 반려견에게는 적응 시간이 필요합니다.
   - 평소 사료를 먹던 반려견은 처음 자연식을 먹으면 변이 묽어질 수 있습니다.
     자연식을 처음 시작할 때는 특식이 부담스러울 수 있으므로 식사량을
     절반 정도 줄인 상태에서 조금씩 늘리면 좋습니다.

앞서 소개된 레시피들을 모아 정리했어요.
매일 반려견의 건강에 따라 필요한 레시피를
한 눈에 찾아갈 수 있습니다!

간 건강	토마토연어덮밥	55p	**안구 건강**	소고기고구마머핀	92p
계절 특식	양고기보양식	99p		소고기블루베리숙채	159p
	수박대구화채	157p	**암 예방**	연어토마토소스볶음	86p
관절 · 근육	닭가슴살고구마그라탕	59p	**영양 밸런스**	당근채감자볶음	41p
	닭가슴살멸치볶음	81p		연어구이야채샐러드	76p
구강 건강	돼지등심수육	118p	**위 건강**	단호박가자미말이	74p
	블루베리토마토샐러드	133p		애호박육개장	90p
당뇨 관리	사슴고기당근꼬치	44p	**장 건강**	오리고기무카나페	47p
	오리고기양배추쌈	125p		오리고기양배추밥	104p
디톡스	아스파라거스오리죽	131p		대구순살구이	162p
면역력	오리고기고구마완자	51p	**중성화**	오리고기비트주먹밥	53p
	말고기스테이크	101p	**체중 조절**	아귀토마토스튜	69p
모질관리	송어애호박찌개	84p		양고기야채덮밥	71p
	단호박연어초밥	112p		쌀가루닭가슴살떡볶이	94p
생리출산	소고기시금치볼	57p	**췌장 관리**	명태순살미음	61p
	달걀스크램블	88p		가자미두부조림	142p
	닭가슴살치즈볶음밥	109p	**피부 관리**	새송이소고기장조림	127p
수분 섭취	가지오이롤	39p		오리고기브로콜리볶음	149p
	소고기뭇국	97p		돼지고기사과죽	155p
신장 건강	닭안심오이쉐이크	64p	**혈액 순환**	콜리플라워무침	145p
	대구탕	120p	**호르몬 건강**	오리고기미역국	115p
심장 건강	양고기팽이버섯구이	123p	**호흡기 관리**	오리고기애호박찜	129p
				돼지고기배잡채	153p